JN025040

最/短/突/破

AWS認定
クラウドプラクティショナー

合格対策テキスト + 問題集

クラスメソッド株式会社
深澤俊　大瀧隆太

はじめに

　クラウドという言葉が日頃の業務でも多く使われるようになってきました。生成AIの登場や在宅勤務のブームといった話題が後押しをしているようにも思います。最近では行政機関としてデジタル庁という機関も設置され、ガバメントクラウドなどのクラウド政策を推進していて、クラウドは電気やガス、水道に並ぶ大切なインフラ設備になってきました。クラウドを実現するのは自力でも可能なのですが、すごく労力がかかりますし初期費用が高額になりますので、クラウド事業者が提供してくれるサービスを使うのが一般的です。様々な事業者がクラウドサービスを提供していますが、本書執筆現在において調査会社のSynergy Research GroupとCanalysによるとクラウドのシェアNo.1は、あのショッピングサイトで有名なAmazonが提供しているAmazon Web Services（以降、AWS）です。AWSの歴史も長く、提供している機能（AWSではサービスとも呼びます）の数は200を超えておりクラウドで必要とされる機能はほぼ全て提供しています。そんなAWSを学ぶことはクラウドに関する一般的な知識を獲得する上で効果的な手段です。

　AWSを学ぶために有効な道すじの一つがAWS認定と呼ばれる資格試験をクリアしていくことにあると筆者は考えています。執筆現在、全部で10個の認定がありますが、本書で取り扱うAWS認定クラウドプラクティショナーはAWSの入門的な位置付けとなっており、多くの方が最初に受験する資格試験となっています。また試験対象者としてもクラウドを初めて使用し、情報技術（IT）の事前知識を持たない受験者を対象としており、これからクラウドを学習しようという方に最適な資格試験となっています。

　一方で如何なる資格試験でも同様と考えますが、試験の合格と実務にはギャップがあると筆者は考えます。合格がゴールになってしまい暗記が中心の学習方法に陥ってしまうことも御経験された方は多いのではないでしょうか。そのため本書ではクラウドプラクティショナーの合格だけではなく、クラウドを学習しようという方が実務でも役に立つ情報を提供したいと願って執筆しました。

筆者は所属会社で学習コミュニティを運営しており多くの初学者の方と接しております。コミュニティに参加されている方と一緒にクラウドプラクティショナーの参考コンテンツ輪読会を開催したりしコミュニケーションを取ってきました。そこで上がった質問や疑問に思われる点などなるべく多く取り込みました。そのため本書は資格試験対策だけでなく、クラウドに関わろう、入門したいという方向けのいわゆるクラウド入門書としてもご活用いただけるはずです。

　クラウドという広い世界の入り口がクラウドプラクティショナーの合格となり、読者の皆様のクラウド理解に本書が一助になれば幸いです。

　なお本書の情報は2024年4月のものです。

目次

AWS認定
クラウドプラクティショナー
について

- AWS認定クラウド
  プラクティショナーについて
- 試験概要
- 学習方法
- 合格後の特典

AWS認定クラウド
プラクティショナーについて

　AWSでは提供するクラウドサービスにおいてスキルや知識を証明するための資格を執筆現在全部で10種類用意しています。それぞれFOUNDATIONAL（基礎）、ASSOCIATE（アソシエイト）、PROFESSIONAL（プロフェッショナル）、SPECIALTY（専門）のカテゴリに分けられており、体系的に学習を進めていくことができるようになっています。

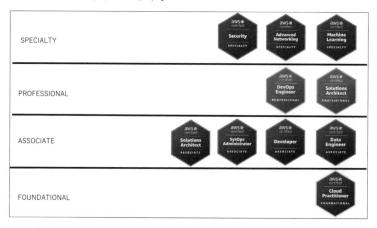

　AWS認定クラウドプラクティショナー（以降、クラウドプラクティショナー）はFOUNDATIONAL（基礎）に位置付けられておりAWSクラウドの基礎的な理解を目的とした資格となっています。

　対象者としてはクラウドを初めて使用する情報技術（IT）の基礎知識を持たず、AWSクラウドの設計、実装、オペレーションの経験が6ヶ月までの受験者を想定して作られています。推奨される知識としては以下が挙げられていますので本書を通して学んでいきましょう。

- ●AWSクラウドのコンセプト
- ●AWSクラウドにおけるセキュリティとコンプライアンス
- ●AWSの主要なサービス
- ●AWSクラウドエコノミクス

　一方で、実際にプログラミングを行ったりクラウドの設計といった実技は試験範囲外となっておりクラウドの知識が問われる試験となっています。

　なお、クラウドプラクティショナーは2023年9月18日まで実施されたCLF-C01と、2023年9月19日に改訂されたCLF-C02という2つのバージョンがあるのですが、本書は最新のCLF-C02に対応しております。具体的に改訂された点につきましては公式ドキュメントであるAWS Certified Cloud Practitioner (CLF-C02) 試験ガイドの付録Bを参照ください。

　　参考：https://d1.awsstatic.com/ja_JP/training-and-
　　　　　certification/docs-cloud-practitioner/AWS-
　　　　　Certified-Cloud-Practitioner_Exam-Guide.pdf

試験の概要としましては執筆現在以下のようになっております。
- ●試験時間：90分
- ●問題数：65個の問題
- ●料金：15,000円
- ●試験方式：テストセンター、もしくはオンライン試験（監督付）
- ●対象言語：英語、日本語、韓国語、簡体字中国語、繁体字中国語、バハサ語（インドネシア語）、スペイン語（スペイン）、スペイン語（ラテンアメリカ）、フランス語（フランス）、ドイツ語、イタリア語、ポルトガル語（ブラジル）

参考：https://aws.amazon.com/jp/certification/policies/
before-testing/

解答タイプ

設問に対して解答を選択することで試験を進めていく、選択式の試験です。設問の種類としては以下の2つがありますので試験ガイドから引用します。
- ●択一選択問題：正しい選択肢が1つ、誤った選択肢（不正解）が3つ提示される
- ●複数選択問題：5つ以上の選択肢のうち、正解が2つ以上ある

未解答の設問については不正解とみなされます。

採点対象外の設問

試験の問題数については65個ありますが、この内採点対象となるのは50問です。残りの15問は採点対象外の問題となっており、今後の採点対象の設問としてふさわしいかといった改善目的に使われる問題になっています。受講者からどの問題が採点対象外なのかは分からないようになっています。

出題範囲

　試験の内容は4つの分野で構成されており、それぞれに重みが付けられています。

分野名	重み
クラウドのコンセプト	採点対象コンテンツの24%
セキュリティとコンプライアンス	採点対象コンテンツの30%
クラウドテクノロジーとサービス	採点対象コンテンツの34%
請求、料金、およびサポート	採点対象コンテンツの12%

　それぞれの分野の中にはタスクステートメントと呼ばれる具体的に必要となる知識やスキルがあります。公式試験ガイド（https://d1.awsstatic.com/ja_JP/training-and-certification/docs-cloud-practitioner/AWS-Certified-Cloud-Practitioner_Exam-Guide.pdf[注1]）に記載されているので試験の合格を目指すのであれば、必ず受講前に最新情報をチェックするようにしましょう。

　第1分野のクラウドのコンセプトでは、AWSクラウドのメリットや設計原則といった使い方を理解し、正しく使い始められるかが出題されます。それぞれタスクステートメントと本書で解説されている箇所は以下の通りです。

タスクステートメント	本書において主に解説している章
AWSクラウドの利点を定義する。	AWSとは（規模の経済、グローバルインフラストラクチャ、オンプレミスとの違い（クラウドコンピューティングのメリット））
AWSクラウドの設計原則を特定する。	AWSの計画と活用（AWS Well-Architectedフレームワーク）
AWSクラウドへの移行の利点と戦略を理解する。	AWSの計画と活用（AWS CAF）、AWSサービス紹介（データベースとストレージの移行サービス）
クラウドエコノミクスのコンセプトを理解する。	AWSとは（オンプレミスとの違い（クラウドコンピューティングのメリット））、AWSサービス紹介[注2]

注1　公式試験ガイドQRコードは右記となります。
注2　マネージドAWSサービスの特定にご活用ください。

第2分野のセキュリティとコンプライアンスでは、AWSクラウドを使う上でのセキュリティ知識や、多くの人がAWSを利用する（例えば社内の人たちなど）上での管理、ルール策定を理解できているかが問われます。それぞれタスクステートメントと本書で解説されている箇所は以下の通りです。

タスクステートメント	本書において主に解説している章
AWSの責任共有モデルを理解する。	AWSの計画と活用（責任共有モデル）
AWSクラウドのセキュリティ、ガバナンス、およびコンプライアンスのコンセプトを理解する。	AWSの管理（監視・監査、セキュリティ）
AWSアクセス管理機能を特定する。	AWSの管理（アクセス方法と認証・認可）
セキュリティのためのコンポーネントとリソースを特定する。	AWSの管理（セキュリティ）

　第3分野のクラウドテクノロジーとサービスでは、AWSクラウドの地理的な概念の理解と、各状況に応じた適切な機能（AWSのサービス）選択が出題されます。それぞれタスクステートメントと本書で解説されている箇所は以下の通りです。

タスクステートメント	本書において主に解説している章
AWSクラウドでのデプロイと運用の方法を定義する。	AWSの管理（アクセス方法と認証・認可）、AWSの計画と活用（デプロイモデル）、AWSサービス紹介（ネットワーク）
AWSのグローバルインフラストラクチャを定義する。	AWSとは（グローバルインフラストラクチャ）、AWSサービス紹介（ネットワーク）
AWSのコンピューティングサービスを特定する。	AWSサービス紹介（コンピューティング）
AWSのデータベースサービスを特定する。	AWSサービス紹介（データベース）
AWSのネットワークサービスを特定する。	AWSサービス紹介（ネットワーク）
AWSのストレージサービスを特定する。	AWSサービス紹介（ストレージ）
AWSの人工知能および機械学習（AI/ML）サービスと分析サービスを特定する。	AWSサービス紹介（データ分析・機械学習）
その他の範囲内のAWSサービスカテゴリを特定する。	AWSサービス紹介（アプリケーション開発、企業利用向けサービス）

　第4分野の請求、料金、およびサポートでは、AWSにおけるコストのかかり方を理解し、適切な管理を行うための機能（AWSのサービス）選択が行えるかが出題されます。またAWSを利用する上でサポートサービスを利用することができるのですが、その理解も出題されます。それぞれタスクステートメントと本書で解説されている箇所は以下の通りです。

タスクステートメント	本書において主に解説している章
AWSの料金モデルを比較する。	AWSの管理（料金と請求）、AWSサービス紹介（ストレージ）
請求、予算、およびコスト管理のためのリソースを理解する。	AWSの管理（料金と請求、サポート活用）
AWSの技術リソースとAWSサポートのオプションを特定する。	AWSの管理（サポート活用）

合格ライン

　試験結果は100〜1000点の範囲のスコアでレポートされます。合格スコアは700点以上です。各設問の配点は公開されていません。各分野別で成績はレポートされますが、分野ごとに合格する必要はなく、全体のスコアとして合格すれば問題ありません。なお、合格すると有効期間としては3年間になります。

試験方式

　試験はテストセンターで行うか、自宅などのリモートで行うかを選択することができます。以前はこれに加えて試験を実施するプロバイダ企業を選択したのですが、2023年1月よりピアソンVUE社に統一されました。どちらも予約が必要で受験時間にも制限がありますので事前に計画を建てて受験するようにしましょう。予約方法などは公式ページより最新情報をご確認ください。

　参考：https://aws.amazon.com/jp/certification/policies/
　　　　before-testing/

学習方法

　本書以外にも優良な学習コンテンツが無料で活用できますのでいくつかご紹介をさせていただきます。クラウドプラクティショナーにおいては本書で学んだ知識の補強としてご活用いただければと思います。ここで紹介するコンテンツはそれ以外の資格取得に向けても有効ですし、今後読者の皆さんのキャリアの中で学習する強い味方になってくれるはずです。

AWSホワイトペーパー

　様々なトピックを扱ったAWSが提供するドキュメントです。AWS以外にもコミュニティからも提供されています。AWSを利用する上では欠かせない参考資料になりますので、試験以外でも何か困ったことがあればドキュメントを探してみると良いかもしれません。

　参考：https://aws.amazon.com/jp/whitepapers/

　もしアクセス先が英語になっていた場合は日本語での提供がない可能性もありますが、画面右上の言語を切り替えてみて下さい。

AWS Skill Builder（スキルビルダー）

　AWSが提供するオンライン学習支援サービスです。600以上のデジタルコンテンツなどが存在します。有料版もありますが、無料版でも充分過ぎるほどのコンテンツがあるので積極的に活用すると良いでしょう。いくつかクラウドプラクティショナー向きかつ無料のコンテンツをご紹介させていただきます。なお利用するためにはSkill Builder用のアカウントの作成が必要になります。

　参考：https://skillbuilder.aws/jp

AWS Cloud Quest：Cloud Practitioner

　実際のAWSアカウントの環境を使用しながら基本的なAWSの機能を体験していきます。ゲームのようにストーリーで学べるので初学者の方も安心して楽しく学習できます。全部で7つあるAWS Cloud Questですが、このクラウドプラクティショナー向きだけが無料かつ日本語対応しています。ぜひ試してみましょう。

　参考：https://explore.skillbuilder.aws/learn/course/
　　　　external/view/elearning/17553/aws-cloud-quest-
　　　　cloud-practitioner-japanese-ri-ben-yu-ban

AWS Cloud Practitioner Essentials (Japanese) (Na)
日本語実写版

　AWSクラウドの基礎を学ぶことができるデジタルコースです。コーヒーショップを例としてクラウドの概念を分かりやすく解説してくれます。動画と説明文章、理解テストがセットになっているので一つ一つ理解しながら進められます。クラウドプラクティショナーの試験対策としてはもちろん、クラウドの基本概念入門としても参考になるコースです。

　https://explore.skillbuilder.aws/learn/course/external/
　view/elearning/1875/AWS-Cloud-Practitioner-
　Essentials-Japanese-Na-日本語実写版

AWS Certified Cloud Practitioner Official Practice Exam (CLF-C02 - Japanese)

クラウドプラクティショナーの模擬試験です。実際の試験と同じ出題と解答方式で試せますので実際の試験前に受けると良い腕試しになるはずです。以前は有料だったのですが2021年末に無料になりました。

参考：https://explore.skillbuilder.aws/learn/course/external/view/elearning/16943/aws-certified-cloud-practitioner-official-practice-exam-clf-c02-japanese

なお、有料版（個人サブスクリプション）にするとBuilder Labsという学習コースと実際に検証に使えるAWS環境がセットになったサービスや、Jam JourneyというAWS環境を触りながら与えられた課題を解決するようなコンテンツもあります。実際に試してみたブログもありますのでご興味があれば参考にして下さい。

参考：https://dev.classmethod.jp/articles/aws-builder-labs-introduction-to-amazon-ec2/

https://dev.classmethod.jp/articles/aws-skill-builder-jam-journey-security-2/

有料版の料金について執筆現在は月額29USD、年額449USDですが、最新情報は公式ページをご確認下さい。

参考：https://aws.amazon.com/jp/training/digital/

AWS Black Belt Online Seminar

AWSが提供するオンラインセミナーです。各種サービスやソリューションの基本やアップデートを紹介してくれています。筆者も初めて扱うサービスについては必ず目を通すようにしているコンテンツです。リアルタイムで配信さ

れているものに参加するのも良いですし、これまで配信されたものについては
アーカイブもあります。PDFの資料のみ公開されているものもありますが、
Youtube上に動画がアップロードされているものもあります。

　参考：https://aws.amazon.com/jp/events/aws-event-
　　　　resource/archive

合格後の特典

クラウドプラクティショナーを含めて、AWS認定に合格すると特典を受けることができますので一部ご紹介します。

デジタルバッジ

合格を証明するデジタルバッジを受け取ることができます。ソーシャルメディアや電子メールの署名に添付することができますので、AWSについて一定の知識があることの証明になります。詳細は以下の公式ページを参照ください。

参考：https://aws.amazon.com/jp/certification/
certification-digital-badges/

試験の割引

次のAWS認定試験の費用を50%割り引くことができるバウチャーを受け取ることができます。

ラウンジ

AWSは毎年ラスベガスで開催される学習イベントであるAWS re:Inventや、学習及びベストプラクティスの共有や情報交換を目的としたAWS Summitなど大型のイベントを定期的に開催しています。その中でAWS Certificationラウンジが用意されていることがあり、AWS認定を所持していることを所定の方法でなんらか提示して利用できます。参考までにAWS Summit Tokyo 2023の認定者ラウンジの様子をまとめたブログをご紹介します。

参考：https://dev.classmethod.jp/articles/i-went-to-the-aws-certified-persons-lounge/

AWSとは

クライアント
サーバモデル

AWSは数あるクラウドサービスのうちの一つです。そもそもクラウドサービスとは何を提供してくれるサービスなのでしょうか。本章ではクラウドサービスの概要と活用するメリット、そして数あるクラウドサービスの中からAWSを選択する理由について解説していきます。

- **インターネットサービスを構築する上で必要なリソースを提供してくれるのがクラウドサービスです。AWSはクラウドサービスの中で最もシェアがあります。**

まずはクラウドサービスについて学ぶ上で、私たちが普段使用するスマートフォンやパソコンといった身近な機器（デバイス）と、サーバの関係について学びましょう。スマートフォンやパソコンといったデバイスにインストールされたアプリケーション、もしくはブラウザから検索し表示される様々なWebページ、そしてSNS。これらインターネットを通して提供されるいわゆるインターネットサービスを私たちが見たり利用できるのは、サービスを提供してくれる**サーバ**という存在があるためです。サーバはイメージが難しいと思われるかもしれませんが言葉としては、IT用語に限らず私たちの身近なところでも多く使われていますね。例えばウォーターサーバとか、ビールサーバなどです。何かしらのサービスを提供するものをサーバと言います。対して要求する側は**クライアント**と言います。要求することをIT用語では**リクエスト**と言い、提供することを**レスポンス**と言います。クラウドの学習を進めていく上でよく出てくる単語なのでここで覚えておきましょう。

もう少し詳しくお話ししますと、ここではクライアントとは私たちが操作するスマートフォンやPCを意味し、私たち自身を**ユーザー**と呼びます。ユーザーがクライアントの端末を操作してサーバにリクエストをすることでレスポン

スを受け取り、私たちがよく目にするSNSの情報や動画を見ることができます。このモデルのことを**クライアントサーバモデル**と言います。

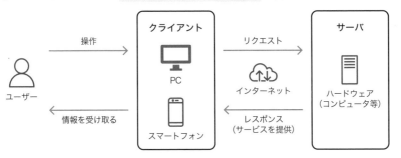

あまり通信をしているというのはイメージせずにスマートフォンでアプリやブラウザを使うかもしれませんが、例えば電波の通信が悪いところに行ったりすると途端に表示するのに時間がかかってしまいますし、月末に通信（パケット）の残量を気にするということもよくありますよね。これはクライアント端末とサーバがインターネットを通して通信を行っている証拠です。

ちなみにサーバの形が気になった読者もいらっしゃるかもしれません。サーバは多くの場合、専用のコンピュータ上で動作しています。気になった方は「サーバ」で画像検索していただくとその形を見ることができるかと思います。このようなシステムを構築するために必要な物理的な機器のことを**ハードウェア**といいます（ちなみに対義語で、そういったハードウェアの上で動作するソフトのことを**ソフトウェア**といいます）。ただ、この専用コンピュータに、私たちが普段使うPC（パーソナルコンピュータ）のように電源やネット回線を繋ぐだけではサーバにはなりません。専用のソフトウェアをインストールしたり、クライアントからのリクエストに応答するために特殊なネットワーク設定をしたりプログラムを作って置いたりと、様々なことを行ってようやくサーバになるのです。詳しくは本書「AWSサービス紹介」章の「コンピューティング」で改めて解説します。

クラウドサービスとは

02

　最近では多くの事業会社がインターネットサービスを提供するようになりました。飲食店でも予約やテイクアウトにインターネットサービスを導入しているところが多くあります。他にも情報管理システムのような社内で業務システムとしてインターネットサービスを導入しているケースも多くあり、ビジネスを進めていく上でインターネットサービスが必要不可欠な時代になりました。つまり、それを支えるシステム及びサーバの存在がとても重要です。

　しかしサーバを購入し用意するのはとても大変な上、設置する場所も確保しないといけません。皆さんがお使いのスマートフォンやPCと同様で、サーバの購入時には性能やデータサイズといった容量を選ぶ必要がありますが、今後どのくらい使われるかを予測するのは難しく、無難なものを選択した結果、初期コストが大きくなってしまうことが多いです。さらに近年の様々なインターネットサービスでは1台だけのサーバで作られることは稀で、ユーザーからの情報を預かって保存したり動画を配信したりと用途に合わせた機能を組み合わせて作られることが多いので、これらを自分たちで作り用意するのは大変な労力がかかります。なお、こういった何か目的を持ったもの（例えば今回ならインターネットサービス）を作る上で必要なものを**リソース**と言います。

　こういったインターネットサービスを作る上でのリソースを手軽に、そして使った分だけ課金できたら誰でも簡単にシステムが構築できて便利ですよね。それをサービスとして提供してくれるのが**クラウドサービス**なのです。

　クラウドサービスは、インターネットを経由してサーバをはじめ、様々なクラウドシステム構築に必要なリソースを提供してくれるサービスです。

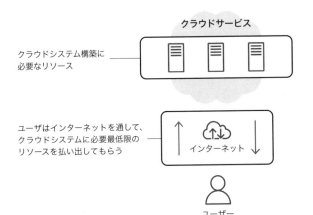

クラウドサービス

クラウドシステム構築に
必要なリソース

ユーザはインターネットを通して、
クラウドシステムに必要最低限の
リソースを払い出してもらう

インターネット

ユーザー

Column!

クラウドサービスには種類がある？

　クラウドサービスというのはインターネットを経由して提供してくれる
サービスというのは変わらないのですが、その形態によっていくつか種類が
あります。例えば電子メールはブラウザで使う場面が増えてきたと思います。
こういったソフトウェア（アプリケーション）をクラウド上で提供できるよ
うにしているサービスを Software as a Service（SaaS：サース、サーズ）
と呼びます。

　他にもそういったソフトウェア（アプリケーション）を独自に開発し、ク
ラウド上で使えるようにしたいユースケースのために用意された、Platform
as a Service（PaaS: パース）という形態もあります。

　本書で説明した「サーバを提供してくれるサービス」は Infrastructure as
a Service（IaaS: アイアース、イアース）という形態で、サーバの提供まで
は行ってくれますが、サーバと言いつつも中身はない状態なのでセットアッ
プやソフトウェア（アプリケーション）の開発はサービス利用者が行います。

　業務ではよく使うワードですので覚えておくと良いでしょう。

リソースっていろんな言い方がある

リソースについてここでは、システムを作る上で必要なものという文脈で説明をしましたが、リソースという言葉はいろんな意味があります。

英単語としても存在しており、直訳すると「資金、資源、資材」といった意味です。

ITの分野でも似た意味で使われています。例えば人手のことをリソースと言うこともあり、あるプロジェクトを推進したいけど、みんな忙しくて、そのプロジェクトに専念できる人がいないというケースで（人的な）リソースが足りないということがあります。

他にも、パソコンやサーバ上でアプリケーションを動かすにあたり必要なもの一式をリソースと表現することもあります。

いろいろなところで出てくる単語なので知っておくと役に立つ時が来るはずです。

オンプレミスとの違い（クラウドコンピューティングのメリット）

先ほどサーバを自分たちで用意するのは大変と説明しましたが実際にハードウェアやネットワーク機器などを自社で保有し運用しているケースもあります。これを**オンプレミス**といい、略してオンプレと表現することもあります。とはいえ、サーバは置き場所を用意するのも大変ですし、処理を行うと熱を発するので空調管理を丁寧に行わないと機器が故障する可能性もあります。また停電や盗難といったリスクもあるので**データセンタ**というサーバを物理的に運用するためのサービスを提供している場所を使ってオンプレミス運用をしているケースがほとんどです。

ただデータセンタを使ったオンプレミスによるシステム構築を行なったとし

ても、「顧客へのインターネットサービスの提供」を迅速に行う場合はクラウド
サービスを利用した方がメリットがあるケースの方が多いです。ここではその
具体的なクラウドサービスを使ったときのメリットを見ていきましょう。

- ●使った分だけの支払いで需要に合わせた拡大が行える
- ●ハードウェアやネットワーク機器の予測不要
- ●大規模な経済性のメリット
- ●リソースの調達が簡単に行えるため、システムの改修や拡大のスピードと
  俊敏性が向上する
- ●世界中に展開可能

使った分だけの支払いで需要に合わせた拡大が行える

　こちらは先述しましたが、オンプレミスで運用を行う場合、実際にある程度
のスペックを持ったハードウェアやネットワーク機器を用意する必要があり、
これらは実際にシステムを構築する前に調達することになるので予測が難しい
です。一方でクラウドサービスを活用すると使用するリソースの分（変動費）
だけ支払いを行えば良いので導入がしやすいです。特にビジネスを開始すると
きは小さく始めること（スモールスタート）が多いと思いますが、この時に変
動費というのはやりやすくなるはずです。実際に提供するネットサービスの需
要が増えてきたら簡単に必要なリソースを調達することができるのもメリット
です。

ハードウェアやネットワーク機器の予測不要

　これは先述の「使った分だけの支払いで需要に合わせた拡大が行える」でも
少し解説したところなのですが、オンプレミスでシステムを構築する場合は、
提供するネットサービスの需要がどのくらいありそうかを逆算しシステム構築
に使用するハードウェアやネットワーク機器の性能を検討する必要があります
が、クラウドサービスの場合は始めは小さな性能のサーバを用意しておいて、
需要が増えてきたらサーバの性能を上げたり台数を増やしたりすれば良いので
気軽に始めることができます。なお AWS だとスマートフォン並み、もしくは
それ以下のサーバも提供してくれます[注1]。

また負荷や状況に応じて柔軟にサーバの性能を変えたり台数を増やしたりできるのもメリットです。このような機能を伸縮性と呼びます。伸縮性については本書「AWSサービス紹介」コンピューティングでもご紹介します。

大規模な経済性のメリット

　製品の生産量や生産規模を高めることにより製品1つあたりのコストが低くなることを**規模の経済**といいます。これはクラウドサービスも同様です。クラウドサービスでは数十万ものユーザーによる使用量が集約されることからサービス提供側は調達や運用コストの効率が良く、ユーザー側は利用費用をたくさんのユーザーで分担することができるわけです。なおAWSでは2023年3月時点でサービス開始から129回以上の値下げを実施した実績があります。

リソースの調達が簡単に行えるため、システムの改修や拡大のスピードと俊敏性が向上する

　オンプレミスで運用した場合、性能や容量が足りなくなった場合には機器を発注して自分たちでセッティングしたりしなくてはなりません。もし半導体不足のような状況であればほしいタイミングですぐに機材を調達できないというリスクもあります。クラウドサービスの場合は機器のことは気にせず、すぐに必要なリソース調達が可能です。また、近年は様々なITソリューション（AI等）が存在しており、これを自分たちで用意するのは時間がかかりますが、クラウドサービスではすぐに利用可能なサービスとして提供されるため、新しいソリューションをすぐに試すことができるのもクラウドサービスのメリットです。

世界中に展開可能

　多くの場合において、自社で複数の地域や国にクラウドを構築するだけのハードウェアやネットワーク機器を置くデータセンタを展開することは困難です。Webシステムによっては、もし災害があったとしても後ほど復旧可能な

注1　あくまでvCPUの数、メモリの容量レベルでの比較です。厳密には使用しているCPUそのものの性能やネットワーク速度も関係してくるので比較は難しいです。あくまで参考程度にご理解いただければと思います。

ようにデータだけでも複数の国や地域に分散して配置したいという要件はよくあります。もし提供しているサービスが大ヒットすれば世界的に展開する必要もあるかもしれません。こういった場合に対応できるようクラウドサービスは多くの国や地域にデータセンタを配置しており、さらにそれらを簡単に利用できるようにサービスとして提供しており数分で展開が可能になっています。なお、システムで機器の故障や災害といった問題が発生しても停止することなく、システムが継続して稼働できる能力のことを**可用性**と言います。

参考：https://aws.amazon.com/jp/cloud/

https://classmethod.jp/aws/articles/aws-4merits/

Column!

スケールアウトとスケールアップの違いとは

　クラウドサービスでは、サーバの性能が足りなくなったら、性能を良くしたり、台数を増やしたりするのを手軽に行えると説明しました。

　このようにサーバの性能をコントロールすることでシステム全体のパフォーマンスを上げることをスケールするといいます。

　サーバ1台あたりの性能を上げることをスケールアップもしくは垂直スケールといい、サーバの台数を増やすことをスケールアウトもしくは水平スケールといいます。

　逆のシステム全体のパフォーマンスを意図的に下げることについては、サーバ1台あたりの性能を下げることをスケールダウンといい、サーバの台数を減らすことをスケールインといいます。

　このようにシステム性能はサーバの台数や性能によって左右されて、それらをコントロールする際にはスケールという言葉を用いることは覚えておくと実務でも使えます。

AWSの特徴

　ここまでクラウドサービスを活用することのメリットを学んできました。数あるクラウドサービスの中で何を使えば良いのでしょうか。選定の際、参考になる情報としてデジタル庁が行政に関わる業務システムの管理の目的で推進しているガバメントクラウドの対象クラウドサービスがあります。認定されているのは執筆現在で以下の5つです。

- ● Amazon Web Services
- ● Google Cloud
- ● Microsoft Azure
- ● Oracle Cloud Infrastructure
- ● さくらのクラウド（※2025年度末までに全ての要件を満たす条件付き）

参考：https://www.digital.go.jp/policies/gov_cloud

　本書執筆現在、調査会社のSynergy Research GroupとCanalysによるとクラウド市場において最もシェアがあるのは**Amazon Web Services**（AWS）とのことです。その名の通りショッピングサイトを提供しているあのAmazonが提供しているクラウドサービスです。なぜAWSが多くのケースで選ばれるのでしょうか。以下の特徴を解説していきます。

参考：https://www.canalys.com/newsroom/global-cloud-
　　　services-q3-2023

- ●**豊富な機能**
- ●**コミュニティ**
- ●**セキュリティ**
- ●**最新のテクノロジー活用**
- ●**高い実績**

豊富な機能

　AWSではネットワークやサーバといったリソースをサービスとして提供しており、その種類は執筆現在200種類以上にもなります。

　AIやデータ分析、IoT、人工衛星といった幅広いサービスを提供しているだけでなく、ある程度の運用や管理をAWSに任せることができるマネージドサービスを用意してます。サービスの紹介は本書「AWSサービス紹介」で改めてご紹介します。

コミュニティ

　AWSにはコミュニティがあり、日々活発に活動し情報交換をしています。日本だとJAWS-UGという大きなコミュニティがあります。業界別、地域別に様々な支部があり気軽に参加が可能です。ユーザーが多いので検索すると多くの情報がヒットするのもAWSを活用しやすい理由の一つです。AWSパートナーネットワーク（APN）というものもあり、AWSの活用に詳しい企業が多いのもAWSの強みです。なお、AWSパートナーになるとパートナー専用のトレーニングコンテンツを活用できたり、ウェビナーやワークショップといった学習の機会を得ることができます。

　　参考：JAWS-UG

　　　　https://jaws-ug.jp/

　　　　AWSパートナーネットワーク

　　　　https://aws.amazon.com/jp/partners/

　　　　AWSパートナートレーニングと認定

　　　　https://aws.amazon.com/jp/partners/training/

AWSパートナーイベント

https://aws.amazon.com/jp/events/aws-partner-events/

またAWSが管理する質疑応答（Q&A）サービスとしてre:Postというものがあります。AWSのユーザー、パートナー、従業員が参加可能でわからないことがあれば質問することができます。AWSが公式に管理しているので信頼できるオンラインコミュニティです。

セキュリティ

AWSの基盤が高いセキュリティで保護されているというだけではなく、ユーザーがAWS上で扱うコンテンツやリソースに対しても検査するサービスが用意されています。コンプライアンスやガバナンス系のサービスも備えており、セキュリティ、コンプライアンス、ガバナンスのサービスと機能は300を超えます。詳しくは本書「AWSの管理」でも解説します。

最新のテクノロジー活用

AWSではこれまで継続的に新しいサービスが出てきていて、イノベーションを起こしています。例えば2014年にはAWS Lambdaというサービスが出てきて、これまで何かWeb上でアプリケーションを実行するためには常に稼働するサーバが必要でしたが、そうではないサーバレスという分野を開拓しました。2023年には多くのAI系サービスをリリースし、機械学習を用いて文書検索が行えるようになったり、自然言語でAIと会話できるようになりました。

高い実績

AWSはクラウド市場において最古参とされるサービスです。それに伴い多くの実績やそれまでの経験に基づくベストプラクティス集（AWS Well-Architected）や豊富なドキュメントがあります。多くの企業が活用してきた事例もあるので安心して使うことができます。AWS Well-Architectedについては本書の「AWSの計画と活用」でも解説します。

☑ クラウド市場において最もシェアがあるのがAWS

☑ AWSはre:Postなどのコミュニティがあるため安心して利用できる

☑ AWSパートナーになるとパートナー専用のトレーニングコンテンツを活用できたり、ウェビナーやワークショップといった学習の機会を得ることができる

☑ AWSは規模の経済が働くのでコストが削減される

☑ 負荷や状況に応じて柔軟にサーバの性能を変えたり台数を増やしたりできる機能を伸縮性という

☑ 災害等が発生しても耐えられる（システムが継続して稼働できる）能力を可用性という

☑ AWSではリソースの調達が簡単に行えるため、システムの改修や拡大のスピードと俊敏性が向上する

AWSグローバル インフラストラクチャ

AWSでは数多くのサービスを世界中に提供していますが、その基盤になるのが**グローバルインフラストラクチャ**です。ここまでの説明で、「インターネットサービスの裏側にはサーバ（リソース）がある」という話をしました。AWSも例外ではありません。専用のコンピュータやネットワーク機器をデータセンタにて運用しています。具体的にどの住所で運用しているかはセキュリティ上の理由から明らかになっていませんがおおよその場所は公開されていて、日本だと東京近辺と大阪近辺です。このおおよその場所でデータセンタを集積しています。このおおよその場所を**リージョン（Regions）**と呼び、そのリージョンの中に存在するデータセンタ群の単位のことを**アベイラビリティゾーン（Availability Zone）**と呼びます。

この用語はクラウドプラクティショナー試験でも理解が必須ですしAWSを業務で活用する上で欠かせない知識になりますので、ここでしっかり覚えておきましょう。

Point!

■ **AWSグローバルインフラストラクチャはリージョンとアベイラビリティゾーンによって支えられています。コンテンツを素早く提供するエッジロケーション、5Gネットワークを活かしたAWS Wavelength Zones、AWSリソースをエンドユーザーに近い場所に配置するAWS Local Zonesといったサービスが存在します。**

主な専門用語

リージョン

リージョンとは複数のデータセンタがまとまった世界中にある物理的な場所を指します。このリージョンを使い分けることによって世界中のさまざまな地

域にAWSを使ったインターネットサービスを構築できます。日本ですと、東京と大阪があり、それぞれ**東京リージョン**、**大阪リージョン**と呼びます。

　なお執筆現在、33のリージョンが存在しています。

アベイラビリティゾーン

　アベイラビリティゾーンとは、リージョンよりも小さな単位でリージョンの中に存在する1つ以上のデータセンタの集まりを指します。リージョンの中に複数のアベイラビリティゾーンが存在し、それぞれのアベイラビリティゾーンは地理的に隔離されているので、災害やハードウェアの故障といったトラブルで発生し得る障害の影響が最小限になるよう設計されています。アベイラビリティゾーンの場所は明らかになっていませんが、すべてが100kmに納まりそれぞれ数kmは離れて配置されることは公式ドキュメント上で明記されています。

https://aws.amazon.com/jp/about-aws/global-infrastructure/regions_az/

　本書執筆現在、アベイラビリティゾーンは世界に105箇所、東京リージョンには以下3つのアベイラビリティゾーンが存在します。

- ●ap-northeast-1a
- ●ap-northeast-1c
- ●ap-northeast-1d

ap-northeast-1bはないの？

「あれ、ap-northeast-1bは？」と思われた読者の方もいらっしゃるかもしれませんので補足しますと、ap-northeast-1bについては執筆現在、新規のユーザーには提供されていません。

過去（東京リージョン開設当時）には一般提供されていましたので、稀に昔から存在するAWSアカウントだと確認できることもあります。

エッジロケーション (Point of Presence)

もう一つ、AWSのインフラを支える拠点として**エッジロケーション (Point of Presence)** というものがあります。これはAWS上で構築したインターネットサービスから提供されるコンテンツを素早く提供するために使うのですが、詳しくは本書「AWSサービス紹介」章の「ネットワーク」にて、パブリックネットワーク向けサービスとしてご紹介します。

AWS Wavelength Zones

AWS Wavelength Zonesはモバイル通信事業社と提携してモバイルネットワークにAWSのサービスを組み込んだものになります。これによってモバイルネットワークを利用したときに従来のネットワークよりも近いところで応答ができるので5Gネットワークの低レイテンシーと帯域幅のメリットを活かし低遅延でアクセスが出来るようになります。日本ですとKDDIが提携先となっています。最新情報や詳細は以下の公式ページを参照ください。

https://aws.amazon.com/jp/wavelength/faqs/

AWS Local Zones

AWS Local Zones は AWS のコンピューティングやストレージなどのリソースをよりエンドユーザーに近い場所に配置するサービスです。AWSを構築しているリージョンから少し離れており、かつ届けたいユーザーの近隣にリージョンがない場合、そしてネットワークのスピードが求められる要件で使用します。例えばリアルタイムゲームやライブストリーミングなどです。東京リージョンですと、国内にはAWS Local Zonesがないのですが、執筆現在ですと台湾が親子関係にあたるロケーションとして開設されています。最新情報や詳細は以下の公式ページを参照ください。

https://aws.amazon.com/jp/about-aws/global-infrastructure/localzones/locations/

グローバルインフラストラクチャがもたらすメリット

グローバルインフラストラクチャは世界中にデータセンタがありますので、国内のみといった地理的な制約を意識せずクラウドを構築できます。国外にて構築を行いたい場合は、画面操作から対象のリージョンを選ぶだけで簡単に選択できます。また、グローバルインフラストラクチャは専用の高速ネットワーク回線を用意してあるので構築したシステムが高いパフォーマンスを発揮することをサポートしますし、サーバも素早く構築できるようになっています。詳しくは以下の公式ページもご参照ください。

https://aws.amazon.com/jp/about-aws/global-infrastructure/

- ☑ データセンタが集積されている物理的な地域をリージョンという

- ☑ リージョンの中にあるデータセンタ群のことをアベイラビリティゾーンという

- ☑ AWS上で構築したインターネットサービスから提供されるコンテンツを素早く提供するために使用できる拠点としてエッジロケーションがある

- ☑ モバイル通信事業社と提携して5GネットワークにAWSのサービスを組み込んだものをAWS Wavelength Zonesという

- ☑ AWSのコンピューティングやストレージなどのリソースをよりエンドユーザーに近い場所に配置するサービスをAWS Local Zonesという

- ☑ グローバルインフラストラクチャがもたらすメリットとして世界中にシステムを構築できること、高速ネットワークによるパフォーマンス向上などがある

AWSサービス紹介

- コンピューティング
- データベース
- ネットワーク
- ストレージ
- データ分析・機械学習
- アプリケーション開発
- 企業利用向けサービス

コンピューティング

コンピューティングサービスは、AWSグローバルインフラストラクチャからサーバとして動作させるためのリソースをユーザーに提供する最も素朴なクラウドサービスです。サーバのソフトウェア構成は、OSを直接インストールして利用するベアメタルと呼ぶ構成よりも**仮想マシン**や**コンテナ**、**サーバレスコンピューティング**などより使いやすい方式が主流になっています。AWSはそれらを利用できる以下のようなコンピューティングサービスを提供します。

- ●**仮想マシン**：Amazon EC2
- ●**コンテナ**：Amazon ECS, EKS, App Runner
- ●**サーバレスコンピューティング**：AWS Lambda

それぞれの方式の違いは、サーバとして動作させるために必要なソフトウェアであるOS、ミドルウェア、アプリケーションのうちAWSがどれを提供するかで分類できます。

- ●**仮想マシン**: OS,ミドルウェア,アプリケーションすべてをユーザーが構成する
- ●**コンテナ**: ミドルウェア、アプリケーションをユーザーが構成する
- ●**サーバレスコンピューティング**: アプリケーションをユーザーが構成する

　サーバのソフトウェア構成は、皆さんが普段使っているパソコンやスマートフォンのソフトウェアの構成と大きくは変わりません。例えば**OS**はパソコンであればWindowsやmacOS、スマートフォンではiOSやAndroidが有名ですね。サーバのOSはWindowsやLinuxと呼ばれるOSを利用します（Windowsは、パソコン向けとサーバ向けにそれぞれ異なるバージョンやエディションがあります）。

　アプリケーション（アプリと略されることが多いですね）は、サーバでは様々な企業での利用を想定した出来合いの**パッケージソフト**と呼ばれるサーバアプリを利用する場合と、他社との差別化や業務に特化した仕様にするため専用のサーバアプリを開発する場合があります（専用サーバアプリの開発を**フルスクラッチ**開発と呼ぶこともあります）。主な用途として、商品やサービスの予約や販売をインターネット経由で提供する**EC (E-Commerce)**向けや企業の注文や在庫管理、行政の手続きなどの基幹業務を担う**業務システム**向けなどが挙げられます。AWSのWebサイトにはたくさんの活用事例が公開されているので、参考になる用途が見つけられるでしょう。あなたが普段チェックしているECサイトも、AWSのこれらのサービスで動いているかもしれませんね。

AWS クラウド導入事例 ｜ AWS
https://aws.amazon.com/jp/solutions/case-studies/

　Webサーバやデータベースをはじめとする用途に依存しない共通のアプリケーションを**ミドルウェア**と呼びます。サーバアプリの多くはミドルウェアと組み合わせて構成します。WebサーバのNginxやApache、データベースはMySQLやPostgreSQLが有名です。サーバアプリは**プログラミング言語**で記述し、ライブラリやフレームワークを利用して開発します。プログラミング言語としてはPythonやJava、Go、Node.js（JavaScript/TypeScript）などがあります。サーバアプリの開発や導入には、サポートするミドルウェアやプログラミング言語、ライブラリ、フレームワークの種類、バージョンの確認が欠かせません。

vCPU数とメモリ容量

ソフトウェアを実行するためのコンピュータリソースとしてCPUとメモリがあります。コンピューティングサービスでは、それぞれの設定として**vCPU数**と**メモリ容量**を構成し利用します。vCPUの"v"はVirtual（仮想環境）から来ていますが、利用において特に意識する必要はありません。vCPU数はコンピュータの演算を行うためのCPUの個数（厳密にはCPUコア数）を指します。メモリ容量はコンピュータの主記憶の容量を指し、MiBおよびGiB単位で指定します。ミドルウェアやアプリが必要とする適切なvCPU数やメモリ容量をコンピューティングサービスに割り当て、その利用率を監視して運用します。

Column!

CPUアーキテクチャ

CPUの種類は一般にメーカーごとに定義される一方で、互換性のあるCPUアーキテクチャで分類することもできます。**CPUアーキテクチャ**は主に2つで、ひとつはIntelアーキテクチャと呼び AWS管理コンソールなどでは「x86_64」と表記します。もうひとつはARMアーキテクチャと呼び「arm64」と表記します。パソコンやサーバにおいてはx86_64が多く使われてきた一方でarm64は後発です。スマートフォンは登場当時からほぼARMアーキテクチャで、その最新世代がarm64です。サーバ用途ではアプリの互換性からx86_64を選択することが多いですが、AWS自社開発のarm64 CPUであるGravitonは価格性能比や環境性能が高いことをアピールしているので、そのような効果を見込んでarm64を選択することがあります。

☑ コンピューティングサービスは仮想マシンを Amazon EC2、コンテナを Amazon ECS、サーバレスコンピューティングを AWS Lambda で利用できる

☑ コンピューティングサービスで利用する主なリソースには、vCPU とメモリがある

Amazon EC2 (Elastic Computing Cloud)

Point!

■ **EC2は仮想マシンをインスタンスとして利用します。インスタンスの種類はインスタンスタイプから選択し、インスタンスの操作として停止や終了があります。AMIというインスタンスのイメージデータを利用します。**

AWSで仮想マシンを利用するサービスが**Amazon EC2(Elastic Computing Cloud)** です。EC2では仮想マシンのことを**インスタンス**と呼び、**インスタンスタイプ**や接続するVPC（後述のネットワークサービス）を選択して構成します。

インスタンスタイプは、インスタンスの用途に応じたvCPUとメモリやその他リソースの組み合わせです。以下の規則で提示されます。

●**インスタンスファミリー: 用途に応じたインスタンスの種類名**
　・m: 汎用（一般的なリソースバランス）
　・c: コンピューティング最適化（CPUリソース重視）
　・r: メモリ最適化（メモリリソース重視）

●**世代: 数字の大きい世代が新しい、ファミリーごと別々に数えるためファミリー間で数字の大小を比べる意味は無い**

●**プロセッサファミリー: CPUの種類名。メーカーによって異なるが、CPUアーキテクチャが同じで互換性のあるプロセッサファミリーもある**

- g：AWS製Gravitonプロセッサ
- i：Intel製プロセッサ
- a：AMD製プロセッサ

●**追加の機能（無い場合もある）：追加のリソースや特別な機能を示す場合に付加される。一般的なインスタンスタイプには付加されない**

●**インスタンスサイズ：インスタンスファミリーでの相対的なリソース大小を区別するもの、ファミリーごと別々に数えるためファミリー間で大小を比べる意味は無い**

- 相対的な大きさの「small」（小）、「medium」（中）、「large」（大）が基本となりより大きいサイズとして「x、2x、4x」と2のべき数を先頭に付与する

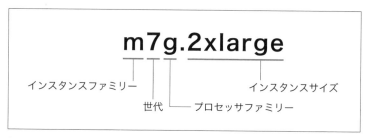

まずは最低限インスタンスファミリーを理解しておけば、おおまかなインスタンスタイプの判別には困らないでしょう。

インスタンスのライフサイクル

あるものを作成してから破棄するまでの一連の流れをコンピュータ用語では**ライフサイクル**と呼びます。インスタンスのライフサイクルはインスタンスの**作成**とともに**起動**からはじまり、OSやミドルウェア、アプリケーションなどのソフトウェアを実行します。使用しないときは一時的な"**停止**"で止めることができ、インスタンスの削除にあたる"**終了**"でライフサイクルが終わります。インスタンスはインスタンスタイプごとに起動時間に応じて課金されるので、使用しないインスタンスはなるべく停止や終了を行うことで無駄な課金が発生するのを避けられます。

一方でサーバコンピュータとしてインスタンスを実行する場合は、24時間365日、常時起動するのが一般的です。そのような用途では、後述の**リザーブドキャパシティ**や**Savings Plans**などの割引プランを活用し課金コストをおさえる工夫をしましょう。

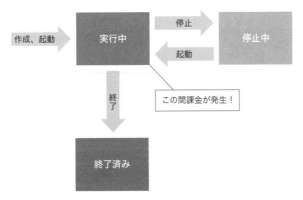

インスタンスを終了するとインスタンスが確保していたリソースや**保持していたデータは破棄**されます。本番環境として実行しているインスタンスを誤って終了しないよう注意が必要です。意図しない終了を防ぐための「削除保護」という機能が活用できます。

EC2は後述のクォータの範囲内であれば何度でも自由にインスタンスの作成を繰り返すことができる、仮想マシンの使い捨てサービスと捉えることもできるでしょう。従来のオンプレミス環境では、仮想マシンのコンピュータリソースを増強するために少数の仮想マシンに多くのリソースを割り当てる**スケー**

ルアップ戦略を取ることが多かったのに対して、クラウド環境では後述の Elastic Load Balancing や Auto Scaling を組み合わせることでインスタンスを自動で容易に追加できることから、多数のインスタンスを利用する**スケールアウト戦略**を選択しやすくなったと言えます。

AMI（Amazon Machine Image）の利用

　インスタンスは作成後すぐに起動して使うと説明しましたが、オンプレミスのサーバマシンではインストールと呼ぶOSのセットアップ作業が必要でした。EC2 では Linux や Windows などの OS がインストール済みの **AMI（Amazon Machine Image）** からインスタンスを作成するため、OSのインストールが不要なので便利です。AMI は AWS が提供するもののほかに他のユーザーが公開しているコミュニティイメージのほか、EC2 インスタンスからユーザー独自の AMI を作成することもできます。

　AMI には OS、ミドルウェア、アプリケーションとその構成ファイルがまとめて含まれます。本番環境や開発環境などでそのまま稼働できるよう、事前にデータを入れ込んだユーザー独自の AMI のことを**ゴールデン AMI** と呼びます。ゴールデン AMI をインスタンス障害時の迅速な復旧手段として運用に組み込んだり、後述の Auto Scaling で活用できます。

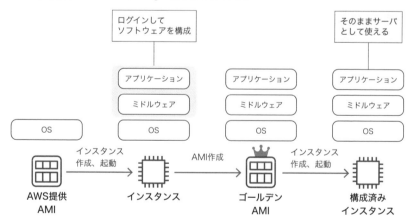

- ☑ Amazon EC2では仮想マシンをインスタンス、OSインストール済みイメージをAMI（Amazon Machine Image）と呼ぶ

- ☑ インスタンスタイプにはインスタンスファミリーやインスタンスサイズが含まれる

- ☑ EC2インスタンスを一時的にシャットダウンさせるときには停止、削除するには終了操作を行う

Column!

オンプレミス、ベアメタルの意味

「オンプレミス」は英語で「施設内の」という意味です。組織が所有や貸借するサーバルーム、データセンタに所有するサーバを配置することから来ているものと推測します。対するクラウドはクラウド事業者のデータセンタで事業者の所有するサーバ機器を利用者に提供します。

「ベアメタル」は直訳すると「金属むき出しの」になるでしょうか。サーバを仮想化などの技術で抽象化せずむき出しのハードウェアとして利用するイメージを持つとよいかもしれません。ベアメタルではCPUやメモリ、ディスクなどのリソースをサーバ調達時に決める必要があり、その後の利用状況によってリソースの利用率が低く費用対効果が著しく悪い、逆にリソースが逼迫してサーバが無応答になるなどサーバ運用時に問題になることがありました。仮想マシンはじめ今回紹介した方式はサーバに必要な分だけリソースを切り出せるため、リソースの利用率向上や後からのリソース追加が柔軟にできます。ベアメタルの問題に応える仕組みとして、オンプレミス、クラウドを問わず一般的になりました。ちなみに、Amazon EC2にはベアメタルのインスタンスタイプもあります。

Amazon ECS (Elastic Container Service)

Point!

■ **Amazon ECSはコンテナの実行を管理するサービスで、FargateやECR
と組み合わせて利用します。Amazon EKSや App Runnerといったコン
テナサービスも利用できます。**

　ミドルウェアとアプリケーションのセットを便利に扱う技術として**コンテナ**
があります。従来アプリケーションを適切に動作させるためには、必要なミド
ルウェアやライブラリを他のアプリケーションと調整する必要がありました。
コンテナはソフトウェアの実行環境を他のアプリケーションと分けるほか、フ
ァイルやデータをコンテナイメージとしてまとめたりそのイメージのビルド手
順をファイルに記述するビルドの自動化など、便利な機能を持ちます。
Amazon ECS (Elastic Container Service) は、コンテナの実行を管理す
るサービスです。コンテナの実行を管理するサービスのことを、コンテナオー
ケストレーションサービスと呼びます。

　ECSはEC2インスタンスもしくは**AWS Fargate**でコンテナを実行します。
EC2インスタンスでコンテナを実行、と聞いてもあまりイメージがわかない
かもしれません。コンテナを実行する仕組みはDockerというミドルウェアで
提供されるため、具体的な手順としてはEC2インスタンスにDockerをイン
ストールし、Dockerがコンテナを実行するのをECSによって管理する流れに
なります。FargateはEC2インスタンスにあたる仮想マシンとDockerを合わ
せて提供しAWSが運用するマネージドサービスです。EC2よりも手軽にコン
テナが実行できます。

　コンテナは、元になる**コンテナイメージ**（EC2のインスタンスとAMIの関
係に似ている）を提供する**Amazon ECR (Elastic Container Registry)**
と組み合わせて利用します。

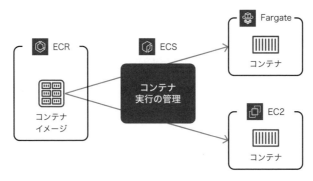

AWSのコンテナ関連のサービスとして、**Kubernetes**というオープンソースのコンテナオーケストレーションソフトウェアをサービスとして提供する**Amazon EKS**、ECSよりもシンプルにDockerコンテナを実行するサービスとして**AWS App Runner**も利用できます。

ECSとEKS、App Runnerの比較

	Amazon ECS	Amazon EKS	AWS App Runner
コンテナイメージ	ECR	ECR	ECR
コンテナ管理	ECSに含まれる	Kubernetes	App Runnerに含まれる
コンテナ実行	EC2 or Fargate	EC2 or Fargate	App Runnerに含まれる

- ☑ Amazon ECSはFargateやEC2インスタンスで実行するDockerコンテナを管理するサービス

- ☑ Amzon ECRはコンテナイメージを管理するサービス

- ☑ Kubernetesのマネージドサービスである Amazon EKS、よりシンプルな App Runner も利用できる

コンテナを利用する目的

ECSの説明の冒頭でコンテナは「ソフトウェアの実行環境を分ける」、「ファイルをコンテナイメージにまとめる」、「ビルドの自動化の仕組みを持つ」という3つの機能を紹介しました。これらの機能は、いずれもアプリケーションの開発を効率的に進めることを目的に設計されています。CI/CD（Continurous Integration: 継続的インテグレーションおよびContinueous Delivery: 継続的デリバリー）といった新しいシステム開発の手法を実現するためにコンテナを利用することもあります。

AWS Lambda

Point!

■ **アプリケーションのコードを実行できるサーバレスコンピューティングサービスがAWS Lambdaです。API Gatewayと組み合わせてWebアプリケーションとして構成できます。**

AWS Lambda は AWS の**サーバレスコンピューティング**サービスです。AWS Lambda を利用する場合、AWSがミドルウェアであるアプリケーションサーバを管理、運用するので、アプリケーションのコードさえ用意すれば配置してすぐに実行できます。サーバアプリとしてLambdaを利用する場合一般的なアプリケーションサーバやパッケージソフトは利用できず、フルスクラッチのシステム開発が前提になります。Lambdaがサポートするプログラミング言語およびバージョンを選択して、アプリケーションを開発、運用します。

また、仮想マシンやコンテナと異なり常時実行するものではないため、Webアプリケーションとしてクライアントからのリクエストを受け付けるために後述のAPI GatewayやElastic Load Balancingと組み合わせて構成するか、Lambda関数URLという機能を利用します。AWS LambdaでAWSの様々なサ

AWS Lambda 関数のコード編集画面

ービスのイベントを処理するために、AWS EventBridge や AWS Step Functions から AWS Lambda を呼び出すこともあります。

- ☑ AWS Lambda を Web アプリケーションとして利用するために API Gateway と組み合わせる
- ☑ AWS Lambda でイベント処理のために EventBridge、Step Functions と組み合わせる

Column!

アプリケーションの実行ライフサイクル

サーバアプリは、クライアントからのリクエストを処理するために常時実行するものでした。アプリケーションはサーバアプリ以外にもデータの集計や変換を行うバッチ処理や先述のイベント処理などがあり、クラウドで扱うアプリケーションの実行ライフサイクルは多種多様です。アプリケーションの実行ライフサイクルをきちんと評価し適切なコンピューティングサービスを選択することで、コストを最適化し、効率の良い運用を設計することができるでしょう。

Elastic Load Balancing

Point!

■ コンピューティングサービスの冗長構成や運用のために、ELB（Elastic Load Balancing）のロードバランサを組み合わせて構成します。ELBにはALB、NLBなどの種類があり、ヘルスチェック機能やAuto Scalingを組み合わせて利用します。

コンピューティングサービスでは、パソコンやスマホなどクライアントからの接続を受け付けるアプリケーションを構成しました。クライアントからの接続をコンピューティングサービスで直接受け付ける代わりに、Elastic Load Balancing（ELB）で受け付けそれをコンピューティングサービスに転送する構成もよく用いられます。

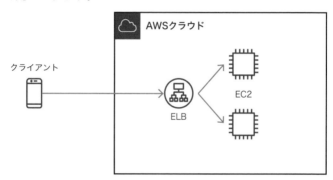

ELBを組み合わせることで、以下のメリットがあります。

● コンピューティングの冗長化：運用ではアプリケーションやミドルウェアの更新のためにコンピューティングサービスの入れ替えが必要です。新旧両方のサービスを冗長に構成して入れ替え時のサービス停止を防ぎます。また、ユーザー起因ないしAWS起因で起こる障害に備えて、コンピューティングサービスを冗長構成にすることも大切です。

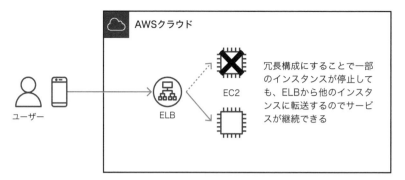

●**コンピューティングのスケールアウト：コンピューティングサービスに割り当てたCPUやメモリが不足するとサービスの挙動が不安定になり、場合によっては過負荷で停止してしまうことがあります。コンピューティングサービスを追加して元のサービスと追加のサービスに負荷を分散させる、スケールアウト戦略が適用できます。**

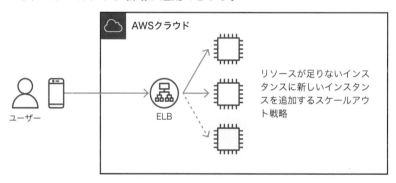

Elastic Load Balancingの種類

Elastic Load Balancingはロードバランサ（負荷分散装置）を提供するマネージドサービスです。ELB には、扱えるクライアントおよび通信プロトコル注1によっていくつかの種類があります。

●**ALB（Application Load Balancer）：HTTPとHTTPS（HTTP over**

注1　通信プロトコルとは、通信する時の規格や処理のルールを定めたものです。一般的なものだとWebページにアクセスするときのHTTPや接続状態や順序を管理する仕組みを持つTCPがあります。

TLS) を扱うロードバランサ

●NLB (Network Load Balancer)：TCPやUDP、TLSを扱うロードバランサ

ヘルスチェック機能

　Elastic Load Balancingでは転送先のコンピューティングサービスの設定を**ターゲット**と呼び、ターゲットの健全性を監視する**ヘルスチェック**機能があります。ヘルスチェック機能によってインスタンスの構成ミスや正常に動作しないインスタンスへの転送を防ぎます。

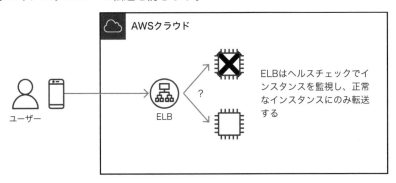

EC2 Auto Scaling

　EC2インスタンスを追加するスケールアウトと取り除くスケールインを自動で行うサービスです。コンピューティングリソースの利用状況を監視し割り当てたリソースが上限に近づいたり不足するのを検知すると、追加のインスタンスを作成する仕組みです。あらかじめELBのターゲットとして登録することで、追加したインスタンスに自動で負荷を分散させるように構成できます。

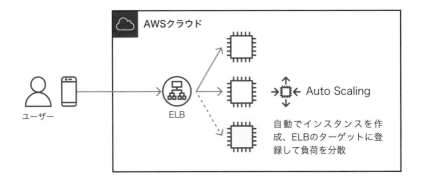

Amazon API Gateway

　API GatewayはAPIのためのHTTPS接続をターゲットに転送するサービスです。AWS Lambdaをターゲットに設定する構成に人気があります。ELBと同様にクライアントからの接続先としてAPI Gatewayを指定し、コンピューティングサービスに転送します。

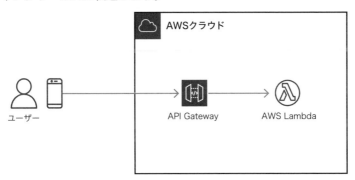

　HTTPSを扱うという点ではELBのALBに似ていますが、HTTPSに関してリクエストパスおよびメソッドの定義など高度な構成を求められる一方で同時アクセスの上限設定やリクエストの改変など様々な機能があります。また、課金体系がElastic Load Balancingと異なり、リクエスト数に応じた従量課金という特徴もあります。

☑ ELBにはHTTP、HTTPSを扱うALBとTCP、UDPを扱うNLBがある

☑ ELBにはターゲットの健全性を確認するヘルスチェック機能がある

☑ Auto Scalingは、コンピューティングリソースが不足するのを検知して自動でEC2インスタンスを追加する仕組み

Elasticとは

ELBはじめ、AWSのいくつかのサービス名には「Elastic」という単語が含まれています。直訳すると"伸縮性"ですが、日常生活ではあまりなじみのない用語ですね。クラウドの特徴として必要なときに必要な分だけリソースが利用できて料金も従量制という点がありますが、リソースの利用に時間や手続きが必要だとその特徴を活かすことができません。伸縮性は必要なリソースを迅速に獲得、解放できる、スピーディーで自動化された仕組みということをアピールする意図が含まれているのかもしれません。

絵を描こう

　AWSを学習するときに大変なのが、たくさんのサービス名、機能名と付き合って行くことです。気合いを入れて暗記するのもひとつのやり方かもしれませんが、それぞれを関連付けて意味づけしていくことで効率的に覚えていく手があるでしょう。関連付けも字面で似ているのをグループにするとか語呂合わせが定番ですが、個人的にオススメするのが絵を描いて関連付けることです。AWSには公式のアイコンセットが公開されており、AWSサービスの組み合わせを構成図で描くことが推奨されています。必ずしも公式アイコンセットの画像を使う必要はなく、構成要素の関係を簡単な図形と説明書きでラフに書いていく感じで構いません。最近はペーパーレスが進み紙やホワイトボードに書くことが減ってきていますが、知識の関連付けと定着のために手書きで描くことが効果的だと筆者は考えます。ぜひ本書の内容も自分なりにまとめてノートやホワイトボードに書き出して、内容を咀嚼し試験対策に活かしてみてください。

データベース

Point!

■ **AWSにはデータベースのマネージドサービスとしてリレーショナルデータベースのRDSやAurora、NoSQLデータベースのDynamoDB、DocumentDBなどがあります。特徴やデータの用途に応じて選択します。**

ECサイトの商品や会員の情報、業務システムで扱う施設や手続き記録などのデータは、サーバアプリを実行するAWSコンピューティングサービスとは分離した**データベース**と呼ばれる専用のサービスに保存することが多いです。

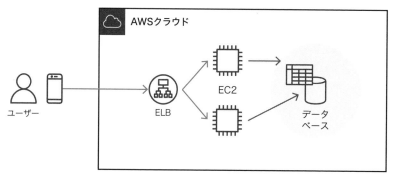

AWSでデータベースを利用するには、EC2の仮想マシンにデータベースのミドルウェアをインストールし実行する場合と、AWSが提供するマネージドサービスの利用から選択できます。仮想マシンではミドルウェアの種類や構成が自由にできる一方で、データの保全にかかるバックアップや冗長構成など運用に関する部分をユーザーが担うための運用コストがかかります。データベースのマネージドサービスであれば、それらの機能や運用をAWSが提供するため、運用コストを抑えてデータベースを利用できるメリットがあります。

	EC2とデータベースの ミドルウェア	データベースの マネージドサービス
インストール、構成	必要	不要
ミドルウェアの種類や構成	自由に選択	AWSのサポートする範囲で選択
バックアップや冗長構成などの運用機能	ユーザーが構成、実施	AWSが提供

　データベースはデータを効率よく管理するための機能を持つミドルウェアとしての歴史が長く、その過程でいくつかの種類があります。

データベースの種類

　データベースには以下のような種類があります。

● リレーショナルデータベース
● NoSQLデータベース
● メモリデータベース

リレーショナルデータベース

　リレーショナルデータベースは、データをExcelやGoogle Sheets（旧スプレッドシート）など表計算ソフトウェアと同じ表形式で持ち、異なる表の列同士を関連付け参照することで複雑なデータ管理を実現します。リレーショナルデータベースは表計算ソフトウェアと比べてサーバ用途で利用するための以下の特徴があります。

● **数百万件規模のデータに対応**
● **データの参照や操作のためにSQLという問い合わせ形式や同時アクセスの整合性を保つトランザクション機能などサーバアプリケーションからのアクセスに最適化**
● **データやサーバのバックアップ、冗長構成**

SQL文の例

```
CREATE TABLE users (name VARCHAR(20), sex CHAR(1), birth DATE, phone VARCHAR(20));
INSERT INTO users (name, sex, birth, phone) values ('mike', 'm', '2018-05-31', '0123456789');
SELECT * from users WHERE phone = '0123456789';
```

AWSのマネージドサービスには、**Amazon RDS（Relational Database Service）** や **Amazon Aurora** があります。RDSは、DBインスタンスに運用や可用性機能を付加してDBクラスターを構成する従来型のデータベースサービスを提供します。一方のAuroraはDBクラスター内でコンピューティング機能とストレージ機能（クラスターボリュームと呼びます）を分離し、クラウドに最適化した高機能性が特徴です。

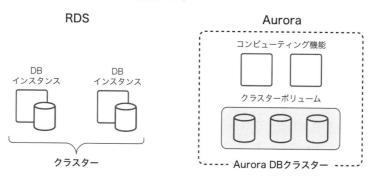

AWSのNoSQLデータベースサービス

NoSQLはSQLを利用するリレーショナルデータベースと対比する呼び方で、リレーショナルデータベースの関連付けやSQLを利用しないトレードオフ（交換条件）として、より高い拡張性や用途に特化した機能を提供するデータベースです。

AWSのマネージドサービスでは、DynamoDBやDocumentDB、Amazon Neptuneがあります。

- ●**Amazon DynamoDB:** 拡張性、耐久性の高いNoSQLデータベースサービスです。キーバリューデータベースと呼ぶこともあります。リレーショナルデータベースではパフォーマンスが頭打ちになるような大規模なデータも高速に扱える一方で、データ検索のための索引や関連付けに制約があります
- ●**Amazon DocumentDB:** MongoDBと互換性のある、ドキュメントデータベースと呼ばれる柔軟性の高いデータベースサービス
- ●**Amazon Neptune:** 複雑な関係性を扱うのに向くグラフデータベースを

メモリデータベース

メモリデータベースは、ドライブ装置よりも高速なメモリの特性を活かした高い性能のデータベースです。AWSのマネージドサービスでは **Amazon MemoryDB for Redis** があります。

- ☑ リレーショナルデータベースは、表形式でデータを持ちSQLで問い合わせるデータベース

- ☑ リレーショナルデータベースのAWSサービスはAmazon RDSとAmazon Aurora

- ☑ NoSQLキーバリューデータベースのAWSサービスはAmazon DynamoDB

- ☑ ドキュメントデータベースのAWSサービスはAmazon DocumentDB

- ☑ グラフデータベースのAWSサービスはAmazon Neptune

Column!

たくさんある種類のデータベース、 どれを選べばいいの?!

データベースはWebシステムの利用用途や規模の多様化から様々なニーズに応えるべく、近年その種類が増えてきました。必ずしも万能なデータベースはありませんが、一般的な構成であればリレーショナルデータベースを第一候補にしつつ、リレーショナルデータベースで適わない要件に応えるために他のデータベースを検討することが多い肌感があります。クラウドのデータベースマネージドサービスが登場するまで新しい種類のデータベースの運用は特異なスキルやノウハウを求められることが多かったので、マネージドサービスの登場はデータベース選択の幅を広げる一助になっていると言えるでしょう。

AWSデータベース移行サービスの活用

Point!

■ データベース移行に利用できる**AWS**マネージドサービスとして**AWS Database Migration Service**があり、データベースの移行に必要なデータの変換を支援ツールとして**AWS Schema Conversion Tool**を利用できます。

データベースサーバをオンプレミス環境で構築済みの場合、AWS環境のデータベースサービスに移行するためには様々な移行作業を計画する必要があります。AWSがデータベース移行をサポートする仕組みとして**AWS Database Migration Service（DMS）**と**AWS SCT（Schema Conversion Tool）**があります。

名称	種類
AWS Database Migration Service(DMS)	AWSマネージドサービス
AWS Schema Conversion Tool(SCT)	データ変換に利用するソフトウェアツール

AWS DMS (Database Migration Service)

AWS Database Migration Service（以下DMS）は、データベース移行の流れに沿った様々な機能を提供するマネージドサービスです。オンプレミスからAWSへのデータベース移行は以下のステップで行います。

- 1. 移行元データベースの調査
- 2. 移行するデータ形式（スキーマと呼びます）の変換設計
- 3. データ複製（レプリケーション）の実行

DMSは各ステップに対応する機能をマネージドサービスとして提供するため、運用や初期コスト、リソース管理を省力化してデータベースのデータを移行できます。

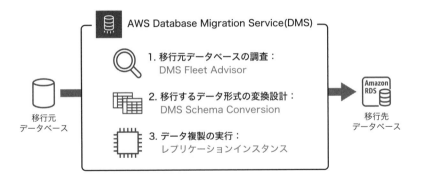

AWS SCT (Schema Conversion Tool)

　データベース移行のうち移行するデータベーススキーマの変換設計を行うソフトウェアツールです。DMSにも同様の機能がありますが、SCTはソフトウェアとしてサポートする任意のコンピュータで実行でき、データウェアハウスなどより広範なデータベース構成をサポートします。

SCTのスクリーンショット

Check!

☑ データベースの移行に利用できるAWSサービスはAWS DMS (Database Migration Service)

☑ データベース移行時にデータ形式を変換するツールがAWS SCT (Schema Conversion Tool)

03 ネットワーク

クラウドに限らず、サーバはネットワークを介して様々なサービスを提供します。今日のネットワークは世界中のコンピュータが接続するインターネットとして形成される**パブリックネットワーク**と、組織向けや特定のシステムに閉じた**プライベートネットワーク**に大別できます。AWSにはパブリックネットワーク、プライベートネットワークそれぞれに向けたサービスがあります。

パブリックネットワーク

プライベートネットワーク

パブリックネットワーク向けサービス

Point!

■ **インターネット向けにAWSのエッジロケーションを利用するCDNサービスとしてCloudFront、DNSサービスとしてRoute 53、ネットワーク高速化にはGlobal Acceleratorが利用できます。**

AWSの世界中に配置される**エッジロケーション**による、大規模で地理的な耐障害性を生かしたインターネット向けサービスを利用できます。例えば、ロックフェスティバルなどのイベントの出演者やプログラムの配信、世界的なゲームのオンラインアップデートなどに対応するCDN（Content Delivery Network）として**Amazon CloudFront**があります。

エッジロケーションの特性を生かしたサービスは他にもあります。インターネットの様々なホストから厳しい品質を求められるDNS（Domain Name

Service）サービスには **Amazon Route 53**、AWSの高品質なネットワーク自体を提供する **AWS Global Accelerator** もあります。

- ●Amazon CloudFront: CDNサービス
- ●Amazon Route 53: DNSサービス
- ●AWS Global Accelerator: ネットワーク高速化サービス

Amazon CloudFront

　CDN は Web サーバの HTML や画像、動画データを配信サーバに複製し、クライアントへ配信する仕組みです。CloudFront は CDN として様々な地域のクライアントから最寄りのエッジロケーションにアクセスする仕組みがあり、以下のメリットがあります。

- ●1. 世界中のクライアントからのアクセスでも高速にコンテンツを配信できる

　日本からのアクセスは東京や大阪のエッジロケーション、アメリカ合衆国のアクセスは北米にあるエッジロケーションというように、ネットワークの近い場所から遅延の少ない高速な配信を行います

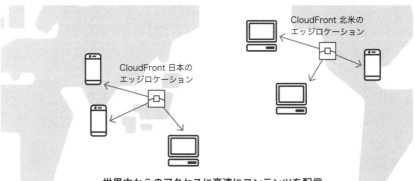

　CloudFront 北米の
　エッジロケーション

　CloudFront 日本の
　エッジロケーション

世界中からのアクセスに高速にコンテンツを配信

- ●2. たくさんのクライアントからのアクセスでも分散させることで高い負荷に耐える

　一つのサーバにアクセスが集中すると、大きな負荷がかかり配信が遅くなったり過負荷でサービスが停止する恐れがあります。アクセスを分散させることで負荷も分散されるため、たくさんのクライアントか

らの同時アクセスにも耐える強固なコンテンツ配信を行います

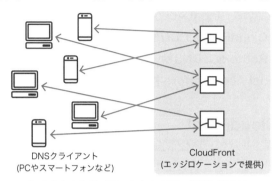

DNSクライアント
(PCやスマートフォンなど)

CloudFront
(エッジロケーションで提供)

たくさんのクライアントからの高い負荷に耐える

Amazon Route 53

　DNSはドメイン名から実際に通信するIPアドレスへの変換を行う、インターネットを利用するための重要な仕組みです。PCやスマートフォンからインターネットのWebサイトにアクセスするときは dev.classmethod.jp といったドメイン名を入力します[注1]。PCやスマートフォンからこのドメインに通信するためには、DNSクライアントとしてDNSリゾルバー（一般的にはWi-Fiルーター）に問い合わせます。DNSリゾルバーは問い合わせ内容をもとにいくつかのDNSコンテンツサーバへ問い合わせ[注2]、ドメイン名に対応するIPアドレスを得てDNSクライアントに結果を返送するわけです。

　Route 53はDNSコンテンツサーバ、DNSリゾルバーとドメインレジストラの機能を持ちます。コンテンツサーバとしては、ドメインに紐付くホストゾ

....

注1　ドメイン名は、プロトコルやパスなどを含むURLの一部です
注2　DNSリゾルバーがDNSコンテンツサーバに問い合わせる仕組みはインターネットドメインの階層構造に沿って行います。インターネットのドメイン構成に興味のある方は、市販のDNS解説書籍やドメインを管理する機関のWebサイトを参照してみてください。
　　　日本のドメインを管理する機関：日本ネットワークインフォメーションセンター - JPNIC
　　　https://www.nic.ad.jp/ja/

ーンというデータを複数のエッジロケーションで持つことで、高い可用性とパフォーマンスを兼ね備えたDNSサービスを提供します。

　リゾルバーとしては、後述のVPCに配置するRoute 53 Resolverが利用できます。Route 53 Resolverは、EC2インスタンスなどプライベートネットワークのDNSクライアントからDNSリゾルバーとして利用できます。

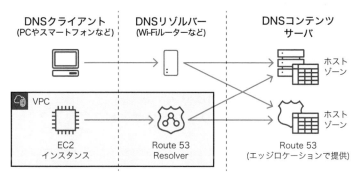

AWS Global Accelerator

　Global Acceleratorは、クライアントとサーバ間の通信を中継して高速化（Accelerate）するサービスです。インターネットは世界中の様々な場所から利用できる反面、通信品質は場所によってまちまちで低速で不安定な経路を通ることもあります。一方のAWSは、エッジロケーションやリージョンを相互に繋ぐ高速で安定した独自のネットワーク網を持っています。Global Acceleratorはクライアントからエッジロケーションを経由してAWSのネットワーク網を利用することで、サーバ（エンドポイントと呼びます）までの高速で安定した通信を提供します。

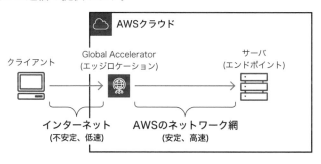

- ☑ CDNを提供するAWSサービスはCloudFront
- ☑ DNSを提供するAWSサービスはRoute 53
- ☑ ネットワーク高速化を提供するサービスはGlobal Accelerator

Column!

国内向けシステムでも
パブリックネットワーク向けサービスは必要？

　Amazon CloudFrontやAmazon Route 53の紹介では、世界中のエッジロケーションでサービスを提供するグローバル向けサービスという説明がありました。では、日本国内向けに作るシステムでこれらのサービスを使う必要が果たしてあるのでしょうか。答えはYesです。両サービスとも、世界中に展開するための追加コストがかかるわけではないので、国内向けに利用したとしても特にコスト面で余計にかかるということはありません。インターネットに公開するサービスなので、世界中からアクセスが来る可能性を考えると国内向けに限定する必要があまり無いという捉え方もできます（Amazon CloudFrontでは、後述のAWS WAFの機能で特定地域からのアクセスを制限することもできます）。国内の顧客向けにシステムを構成する場合でも、積極的にパブリックネットワーク向けサービスを利用していきましょう。

プライベートネットワーク向けサービス

Point!

■ ユーザー専用のプライベートネットワークは **VPC** で利用できます。**VPC** は
一般的な **TCP/IP** ネットワークを **VPC** と **VPC** サブネットの単位で管理し、
Transit Gateway や **Direct Connect** で外部ネットワークに接続できま
す。

　サーバコンピュータは、かつてサービスを提供するためのサービスネットワー
クとサーバ同士の通信やメンテナンス通信のためのプライベートネットワー
クを区別して構成していました。AWSでユーザー専用のプライベートネット
ワークを提供するサービスとして、**Amazon VPC (Virtual Private Cloud)**
があります。VPCを構成することで、コンピューティングサービスやVPCに
対応するデータベースサービス、ストレージサービスなどを安全に相互接続で
きます。

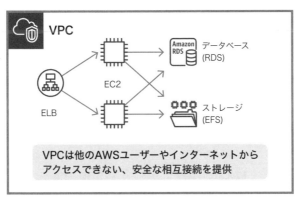

Amazon VPC と IP アドレスのルール

　Amazon VPC では、プライベートネットワークをサービス名と同じVPCと
いう単位で管理します。VPCは一般的なコンピュータネットワークの設計に
基づく、TCP/IPネットワークを構成します。TCP/IPはEC2インスタンスや
VCPを利用するAWSサービスごとに**IPアドレス**と呼ばれる番号を付与し、IP

アドレス単位で通信します。IPアドレスは、VPC全体および**VPCサブネット**と呼ぶグループで管理されます。例えばEC2インスタンスを作成するときには、VPCサブネットの空いているIPアドレスから自動で採番され、インスタンスに付与します。VPCおよびVPCサブネットは、IPアドレスのCIDR（Classless Inter-domain Routing）という表記で表します。

- **IPアドレスは0から255の数字4つを「.」で繋いで表記します。それぞれの数字をオクテットと呼びます（0〜255は2進数で8ビットであり、8ビットのことを別名でオクテットと呼ぶため）例：172.30.1.100**
- **CIDRは、グループを区別するIPv4アドレスネットワーク部のビット数をIPアドレスの後ろに「/」と一緒に表します。例：172.30.1.0/24**
- **1オクテットは8ビットなので、先頭3オクテットをネットワーク部とするならば 8×3=24ビットと計算しCIDRに表します**
- **/24のCIDRでは4オクテット目の256個のIPアドレスが採番できます。VPCでは一部のIPアドレスをVPCの管理用に予約するため、実際に利用できるのは5つ少ない251個のIPアドレスです**

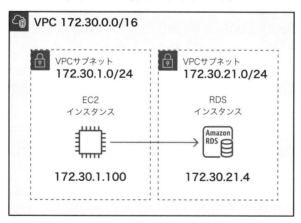

VPCはAWSリージョンごとに作成するので、リージョンをまたぐVPCは作成できません[注3]。

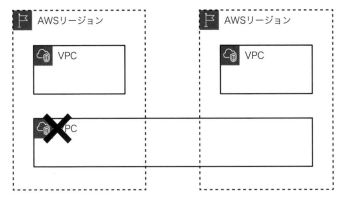

VPCサブネットはアベイラビリティゾーンごとに作成します。アベイラビリティゾーンをまたぐVPCサブネットは作成できませんが、同じVPC内であればVPCサブネット同士は相互接続できます。

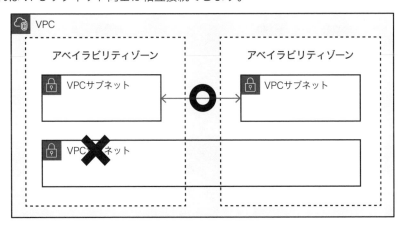

VPCと外部ネットワークを接続するAWSサービス

AWSのみで構成する一般的なシステムであればネットワークはひとつのVPCで事足りるのですが、複雑なネットワーク構成やオンプレミスのシステ

注3　リージョンをまたいでVPCをつなぐ機能としてVPCピア機能やTransit Gatewayが利用できます

ムと連動するハイブリッド構成の場合は外部ネットワークと接続するための
AWSサービスをVPCと組み合わせて利用します。

　異なるAWSリージョンやAWSアカウントのVPC同士を接続するサービス
として**AWS Transit Gateway**があります。オンプレミスやAWS以外のプ
ライベートネットワークとVPCを接続するサービスとして**AWS Direct
Connect**や**AWS VPN**が利用できます。

- ●**AWS Transit Gateway: VPCを他のAWSアカウントやリージョンの
  VPCなどと接続するサービス**
- ●**AWS Direct Connect: VPCとオンプレミスを専用線で接続するサー
  ビス**
- ●**AWS VPN: VPCとオンプレミスをVPN（Virtual Private Network）
  で接続するサービス**

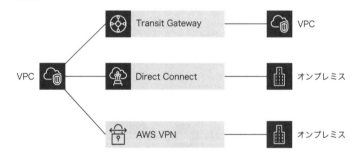

　Direct ConnectとAWS VPNは一見すると同じオンプレミスと接続するサー
ビスに見えますが、サービス品質や価格帯が大きくことなるため、用途やシ
ステムの規模によって使い分けることになります。一般にDirect Connectは
高品質で高価で、AWS VPNは相対的にリーズナブルな用途、価格で利用でき
ます。

☑ VPCとVPCサブネットはIPアドレスをCIDRで区切って管理する

☑ CIDRの192.168.1.0/24では256個のIPアドレスが採番できる

☑ VPCと外部ネットワークを接続するためにDirect ConnectやAWS VPN
を利用する

04 ストレージ

PCやスマートフォンでは画像ファイルやオフィススイートのファイルをクラウドに保存するオンラインストレージサービスとしてiCloud DriveやDropbox、Google Driveなどがあります。サーバでも同様のストレージサービスを利用できますが、ファイル単位でデータを保存する**オブジェクトストレージ**とデータを保存するハードウェアであるドライブ単位で利用できる**ブロックストレージ**の2種類があります。"オブジェクト"はITでは様々な意味で使われますがここでは保存単位であるファイルを指し、"ブロック"はドライブのデータ保存単位を指します。保存単位の違いからストレージサービスを分類する様子がわかりますね。

AWSが提供する主なストレージサービスとして以下があります。

●**オブジェクトストレージ**: Amazon S3
●**ブロックストレージ**: Amazon EBS

Amazon S3（Simple Storage Service）

Point!

■ **ファイル単位でデータを保存するオブジェクトストレージサービスとしてAmazon S3があります。S3はアプリケーションデータやデータストア、データレイクとして利用でき、用途に応じたストレージクラスを選択します。**

Amazon S3は高い耐久性と拡張性、性能を備えたオブジェクトストレージサービスです。ファイルをアップロードすると、内部で3つのアベイラビリティゾーンにデータが複製、保存することでデータセンタおよびハードウェア障害によるデータの欠損や消失を防ぎます。アップロードできるファイル数に制限が無い拡張性の高さ、1つのファイルを複数のリクエストで並列ダウンロードできる性能の高さも特徴です。

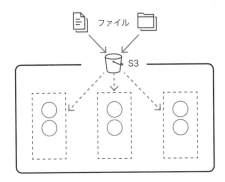

ファイル

S3

S3はアップロードされた
ファイルを内部で3つの
アベイラビリティゾーン
に複製して保存

S3の用途

オンラインストレージサービスと同様にPCやスマートフォンのデータを保存する用途でS3を利用することもできますが、サーバ向けとして様々な用途でS3を活用できます。用途の一例として以下があります。

- **コンピューティングサービスで実行するアプリケーションのデータ保存先**
- **ソフトウェア、SaaSと連携させるデータストア**
- **分析に活用するためのデータの集積場所であるデータレイク**

後述のAWS Backupによるバックアップ保存先の第一候補でもあります。

保存するデータの分類とストレージクラス

ストレージサービスは、一般に機能性の高さとコストがトレードオフの関係にあります。一方の保存するデータの要件は高速にダウンロードするものもあれば、一度保存したらほとんどアクセスしないものまで用途によってさまざまでしょう。S3には**ストレージクラス**という用途にあわせた性能およびコストの異なる設定があり、データの用途に合わせてストレージクラスを指定することで最適な機能とそれに合うコストを選んで賢く利用できます。

S3の主なストレージクラス

- **S3 標準**
- **S3 標準 – 低頻度アクセス (IA: Infrequent Access)**
- **S3 Glacier**
- **S3 Intelligent-Tiering**

ストレージクラス名	コスト	最小利用期間	耐久性	取り出し時間
S3 標準	標準	なし	高	短い
S3 標準 – 低頻度アクセス	安価	30日	高	短い
S3 Glacier	より安価	90日～	高	長い

S3 Intelligent-Tieringはデータアクセスの無い期間に応じて自動で高頻度アクセス、低頻度アクセス、アーカイブインスタントアクセスの3段階でストレージ種類を変更します。

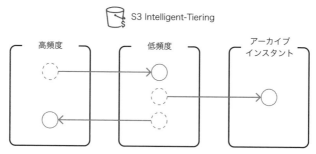

ファイルへの最後のアクセス日によって自動でストレージ種類を移動

S3のライフサイクル設定

アプリケーションデータの中には、最近のデータには頻繁にアクセスする一方で過去のデータへのアクセスはあまりしないという時間によって特性が変化するものがあります。S3にはそのようなライフサイクルに合わせてストレー

ジクラスを変更したり古いデータを削除する**ライフサイクル設定**があります。ライフサイクル設定を活用することで、保存する初期段階はS3標準にしておき、古くなったらS3 Glacierに移す、1年経過したら削除するといった工夫したデータ管理ができます。S3 Intelligent-Tieringは自動でライフサイクルに応じた処理を行うライフサイクル設定に似た機能と言うこともできますが、設定としては別々に動きます。

Check!

☑ Amazon S3は高い耐久性と可用性、ファイル制限のない拡張性持つオブジェクトストレージサービス

☑ 頻繁にアクセスする用途向けの「S3標準」ストレージクラスのほか、アクセス頻度の低いデータ向けの「S3標準 - 低頻度アクセス」、アーカイブ向けの「S3 Glacier」がある

☑ S3 Intelligent-Tieringは、オブジェクトに最後にアクセスした日時に合わせてストレージ種類を自動で変更する

Amazon EBS（Elastic Block Store）

Point!

■ **EBSはEC2インスタンスの内蔵ドライブとして利用するブロックストレージで、容量を指定して利用します。S3やEBSのバックアップは、AWS Backupを利用してバックアップの間隔や保持する世代数を指定し運用します。**

Amazon EBSはEC2インスタンスの内蔵ドライブとして利用するブロックストレージサービスです。PCの内蔵ディスクと同様にSSDやハードディスクなどの種類と容量を設定して利用します。S3と同様にデータ消失を防ぐためにEBSのデータは内部的に複製して保存しますが、EC2インスタンスと同じアベイラビリティゾーンに配置されるためアベイラビリティゾーンの障害に備える仕組みはありません。

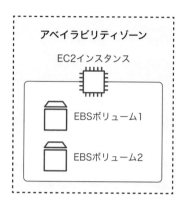

アベイラビリティゾーン

EC2インスタンス

EBSボリューム1

EBSボリューム2

EBSのほかに内蔵ドライブとして認識できるストレージとして、インスタンスストアもあります。インスタンスストアは、EC2のvCPUやメモリと同様にインスタンスタイプごとにインスタンスストアの有無や種類、容量が定められています。

AWS Backupによるバックアップ設計

データの運用管理には、バックアップが欠かせません。S3やEBSには高い耐久性がありデータの欠損、消失リスクを低くすることができますが、一方で手作業やアプリケーションの誤作動、悪意ある不正アクセスによってデータが意図せず改変、削除される恐れがあります。データの意図しない改変、削除に備える仕組みが**バックアップ**です。バックアップは、別のストレージにデータのコピーを取る仕組みですが、その頻度やコピーを保存する個数（古いものから世代を重ねる様子から、世代数と呼ぶこともあります）をデータの重要度など用途に合わせたバックアップ計画として適切に設計し、コピー操作を確実に実行する必要があります。

AWSには計画に合わせてバックアップを取得するためのサービスとして**AWS Backup**があり、S3やEBSをはじめ多くのAWSサービスのバックアップを効率的に設定、運用できます。

例えば、日次バックアップとして毎日午前5時にEBSスナップショット[注1]
を取得、35日分保持するバックアッププランを計画して運用すれば、万が一
データを誤って削除してしまったり障害でデータが失われた場合でも前日時点
のスナップショットからデータを復旧できます。

Check!

☑ Amazon EBSは種類や容量を設定しEC2インスタンスに割り当てて利用
するブロックストレージサービス

☑ AWS BackupはS3やEBSのデータを定期的にバックアップするマネー
ジドサービス

注1 EBSスナップショットはEBSボリュームのデータコピーを作成する機能で、バックア
ップに利用できます。

AWSファイルサーバサービスの活用

- **AWSのファイルサーバサービスは、Windows Server向けのAmazon FSx for Windows File ServerとLinux向けのAmazon EFSがあります。ストレージ移行サービスとしてAWS DataSync、Snowファミリーが利用できます。**

EBSはサーバの内蔵ドライブとして利用できる一方で、サーバシステムではいわゆるファイルサーバを利用したネットワークドライブを併用することもよくあります。AWSにはファイルサーバを提供するサービスとして**Amazon FSx for Windows File Server**や**Amazon EFS**があります。

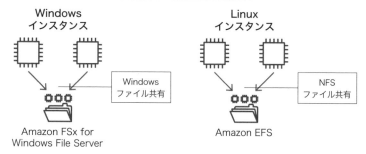

Amazon FSx for Windows File Server

Amazon FSx for Windows File ServerはWindows Serverのファイルサーバに互換性のあるサービスです。Windows ServerのEC2インスタンスからネットワークドライブを設定し、サーバのアプリケーションデータの保存、共有先として利用します。

Amazon EFS

Amazon EFSはLinuxのEC2インスタンスからNFSファイルシステムとしてマウントし、サーバのアプリケーションデータの保存、共有先として利用します。

オンプレミスのストレージ移行または統合

前項のデータベース移行と同様に、AWSにはオンプレミスのファイルサーバやオブジェクトストレージからAWSストレージサービスへの移行を支援するサービスがあります。また、オンプレミス環境とAWS環境を組み合わせてシステムを構成するハイブリッドクラウド構成のためのストレージ統合サービスである**AWS Storage Gateway**も利用できます。

ストレージ移行サービス

AWSが提供するストレージ移行の手段としては、ネットワーク経由でオンライン移行するマネージドサービスの**AWS DataSync**と、物理のストレージデバイスをAWSに送付してAWSストレージサービスにデータインポートを依頼する**AWS Snowファミリー**があります。

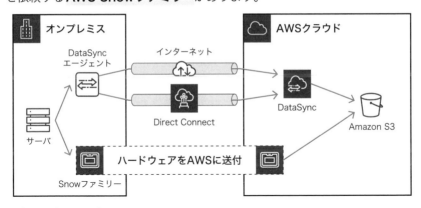

●AWS DataSync

エンドツーエンドの送信元から送信先までの暗号化を含むセキュリティを考慮したオンライン移行が行えるサービスです。エージェントと呼ぶオンライン移行のための仮想マシンをオンプレミスに配置し、DataSyncにデータを送信して移行を行います。

●AWS Snowファミリー

AWSストレージサービスに移行するデータを運ぶためのストレージデバイス製品群です。規模に応じてSnowcone、Snowball Edge、Snowmobile

から選択し、注文します。Snowファミリーデバイスが届いたらオンプレミスのネットワークにSnowファミリーデバイスを接続し、オンプレミスのデータをコピーしてAWSにデバイスを返送します。AWSはデバイスのデータをAWSストレージサービスにインポートします。

AWS Storage Gateway

Storage Gatewayは、オンプレミスとAWSのハイブリッドクラウド構成のためにAWSストレージサービスのゲートウェイとして機能するオンプレミスの仮想マシンを提供します。AWSストレージサービスに合わせて以下の種類から選択します。

- **FSxファイルゲートウェイ：オンプレミスのWindowsファイルサーバと同様に利用できるAmazon FSx for Windows File Serverのゲートウェイ**
- **S3ファイルゲートウェイ：オンプレミスのWindowsやLinuxファイルサーバと同様に利用できるAmazon S3のゲートウェイ**
- **テープゲートウェイ：オンプレミスの仮想テープライブラリとして利用できるAmazon S3 Glacierのゲートウェイ**

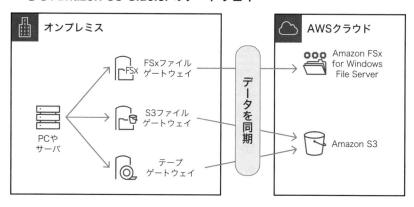

03

AWSサービス紹介

Column!

ストレージの移行と統合の違い

　ストレージの移行サービスとしてAWS DataSyncとSnowファミリー、統合サービスとしてAWS Storage Gatewayを紹介しました。移行と統合にはどのような違いあるのでしょうか。移行は「移す」という意味から、一度移行したあとは基本的に移行先のクラウドサービスを使うことになります。一方の統合は対応するクラウドサービスにデータを定常的にコピーしつつも移す前後という概念があまり無く、オンプレミスにて継続して利用する形態というところが移行とは異なると言えます。ストレージ統合のようなオンプレミスとクラウドを併用するハイブリッドクラウド構成も、クラウドを取り入れてITシステムを形作るための一つのカタチと考えると良いでしょう。

データ分析・機械学習

ストレージサービスに保存するデータはそのまま読み出す用途のほかに、たくさんのデータの傾向や他のデータとの掛け合わせから洞察（英語でインサイトと呼ぶこともあります）を見出して新たな価値を提供します。最近はデータ分析の新しい手法として機械学習も広く活用されています。AWSのデータ分析や機械学習のための多くのサービスが利用できます。

AWSのデータ分析サービス

Point!

- ■ **AWSのデータ分析のサービスには、ETLサービスのAWS Glue、データウェアハウスサービスのAmazon Redshift、分析SQLサービスのAmazon Athena、ダッシュボードサービスのAmazon QuickSightがあります。それぞれのサービスは組み合わせて使うことが多いので、役割を意識すると理解が進められるでしょう。**

データ分析システムの構成は、おおまかに3つに分類できます。
- ● 1. データの抽出、変換
- ● 2. データ分析の実行
- ● 3. 分析結果の可視化

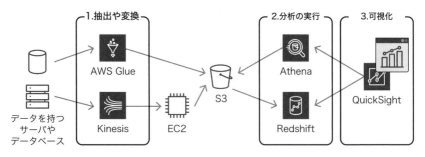

それぞれに対応するAWSサービスが利用できます。

1. データの抽出、変換

　様々な場所にあるデータから分析に必要なデータを抽出、分析に向く形式に変換する仕組みのことをETL（Extract, Transform, Load）と呼びます。AWSのマネージドETLサービスとして **AWS Glue** があります。ETL処理は、定期的に大量のデータをまとめて処理する「バッチ処理」として扱うことが多いです。一方で、データを受け取り次第すぐに処理することを「ストリーム処理」と呼びます。ストリーム処理に向くAWSサービスとして **Amazon Kinesis** が利用できます。Kinesisは1秒に1GBを超えるデータを受け取ることができ、さらに受け取ったデータをほぼ即時で取り出す機能を持ちます。一般的なETL処理であればAWS Glue、即時性を求められる場合にAmazon Kinesisの組み合わせを検討すると良いでしょう。

2. データ分析の実行

　大量のデータの分析を実行するためには、たくさんのコンピューティングリソースや分析エンジンが必要です。EC2インスタンスで分析エンジンとなるソフトウェアを実行することもできますが、データ分析のマネージドサービスを利用することで拡張性を容易に確保し、運用コストを抑えて便利にデータ分析を実行できます。S3のデータにSQL形式で分析を実行する **Amazon Athena** や、大規模データの分析に向くデータウェアハウスという仕組みのマネージドサービス **Amazon Redshift** を利用します。

3. データ可視化

　データ分析の結果を時系列や表など、視覚的にわかりやすく表示する仕組みをダッシュボードと呼びます。**Amazon QuickSight** は、AthenaやRedshift、Auroraなどの問い合わせ結果をダッシュボードの可視化画面に表示するサービスです。

その他分析サービス

　著名な検索・分析ソフトウェアのElasticsearchから分岐したOpenSearchを基幹に、ダッシュボードなど多くの機能を持つ分析サービスとして**Amazon OpenSearch Service**が利用できます。

☑ AWSのETLサービスはAWS Glue

☑ データウェアハウスサービスのAmazon Redshift

☑ S3にSQLクエリで問い合わせるAmazon Athena

☑ 可視化ダッシュボードサービスのAmazon QuickSight

☑ 全文検索、分析のマネージドサービスであるAmazon OpenSearch Sevice

Column!

Microsoft Excelと
データ分析サービスの違い

　普段業務で扱うデータの分析というと、Microsoft ExcelやGoogle Sheets（旧スプレッドシート）を使っている方が多いと思います。それら表計算ソフトウェアとAWSのデータ分析サービスには、どのような違いがあるのでしょうか。特定の帳票や記録などのデータであれば、表計算ソフトウェアで手軽にグラフ機能などで可視化できる一方、ECや業務システムの場合それぞれのサーバやストレージにアクセス履歴や業務データが散在していることが多いです。データ分析サービスは散在するデータを集め、分析可能な形に整形するのを含めたデータ分析の基盤と考えることができます。また、特定のストレージサービスにデータを集積し、一元的なデータ分析の仕組みとすることをデータレイクと呼ぶこともあります。AWSでは、Amazon S3をデータレイクとして分析基盤を設計することが多いです。

AWSの機械学習サービス

Point!

■ **機械学習はトレーニングと推論からデータ分析の結果を予測する仕組みで、AWSのAIサービスとして様々な推論を提供するAmazon Lex、Amazon Rekognitionがあります。また、機械学習の仕組みを提供するML（Machine Learning）サービスとしてAmazon SageMakerが利用できます。**

　機械学習は、学習モデルに教師データと呼ばれるたくさんのデータをインプットする"トレーニング"と、学習モデルを用いてデータ分析の結果を予測する"推論"を行います。

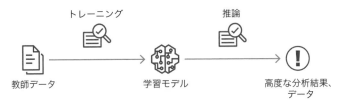

　AWSの機械学習サービスは、AWSの持つ学習モデルを利用するSaaSの**AIサービス**とユーザー自身による機械学習システムを構築するためのプラットフォームを提供するPaaSの**ML（Machine Learning）サービス**に分類できます。

●AWSの主なAIサービス

- **Amazon Rekognition**: AWSの学習モデルによる推論処理で画像解析し、写っている物体や特徴を検出するサービス
- **Amazon Transcribe**: AWSの学習モデルによる推論処理で音声データの会話を文字起こしするサービス
- **Amazon Lex**: AWSの学習モデルを用いて、テキストや音声でやりとりができるチャットAIサービス

●AWSの主なMLサービス

- **Amazon SageMaker**: 機械学習システムのための様々な機能を提供

するプラットフォームサービス

- **Amazon Kendra**: 機械学習を活用した検索サービス。生成AIアプリケーションと組み合わせて利用する

Check!

☑ AIチャットサービスのAmazon Lex、AI画像解析サービスのAmazon Rekognition、AI文字起こしサービスのAmazon Transcribe が利用できる

☑ Amazon SageMakerは、ユーザー自身で機械学習システム構築のためのプラットフォームサービス

Column!

生成AIサービス

2023年に躍進した新しいIT技術に生成AIがあります。AWSは、生成AIをはじめるための多くのサービスを提供しています。

- ●Amazon Q: 生成AIアプリケーションを手軽に利用できるサービスです。AWS利用者向けのAmazon Qビルダーと企業利用向けのAmazon Qビジネスがあります。

- ●Amazon Bedrock: 生成AIアプリケーション構築のための様々な機能を提供するプラットフォームサービスです。ClaudeやStable Diffustionなどの基盤モデルをサポートします。

06 アプリケーション開発

これまでのサービスは、サーバシステムを構築するための特定の機能、たとえばデータベースや分析エンジンを提供するものでした。AWSにはクラウドの特徴を活かしてサーバシステムの機能同士を連携させるサービスやアプリケーションの開発環境となるサービスを提供しています。

アプリケーション統合

Point!

- **分散アプリケーションにおける疎結合を実現するAWSサービスとして、イベント連携のEventBridge、通知のAmazon SNS、マネージドキューのAmazon SQS、ワークフローでそれらを連携するStep Functionsがあります。**

例えば後述のWell-Architected フレームワークの設計原則として、システムを細かく分割して信頼性を上げるという項目があります。これを実現するためには、分割したシステムから別のシステムを呼び出すための信頼性の高い仕組みが必要です。分割され各々で連携するシステムのことを**分散システム**と呼び、優れた連携形態のことを**疎結合**と呼びます。

疎結合と非同期のためのキューサービス Amazon SQS

分散システムでの連携では、疎結合と非同期処理が重要です。これらを手軽に実現するための仕組みとして**キュー**が利用できます。キューはデータ構造のひとつで、商品の注文伝票のように順番通りに注文を格納、取り出す仕組みです。あるシステムから連携する呼び出しをキューに貯め、別のシステムはキューから順次取り出してそれに対する処理を実行します。キューを提供するAWSマネージドサービスに **Amazon SQS** があります。

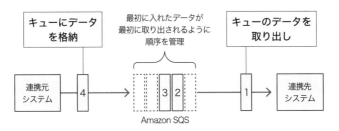

　キューに一度貯めて取り出し処理するまでに多少の時間を要することから、非同期処理と呼ぶこともあります。対して、呼び出しからすぐに処理を実行することを同期処理と呼びます。キューによる非同期処理は、連携先システムの処理に時間がかかる、処理にかかるリソースが足りないといったときにリソースを追加しやすく、追加にあたって連携元システムの改修が不要なことから伸縮性の高い優れた仕組みといえます。

通知のための Amazon SNS

　あるシステムから他のシステムを呼び出すために利用できる通知のマネージドサービスが**Amazon SNS**です。通知先としてAWS LambdaやWebhookの呼び出しをサポートするほか、複数の通知先を指定する**ファンアウト**と呼ぶ構成にも利用できます。

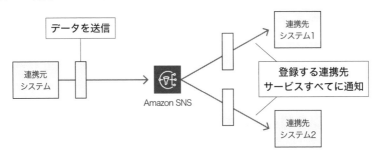

　Amazon SNSにはユーザー向けに通知を送るA2P（Application to Person）という機能もあり、Eメールやショートメール（SMS）に通知することもできます。対してシステムを呼び出す機能をA2A（Application to Application）と呼びます。

ワークフローのための AWS Step Functions

　SQSやSNSでシステム同士を連携させるときには、ある条件のときはあちらの処理、別の条件ではこちらの処理というように条件分岐をしたり、同じ処理を条件を満たすまで繰り返すといったワークフローを構成したいときがあります。そのために利用するAWSサービスが **AWS Step Functions** です。Step FunctionsはSNSやSQS、AWS Lambdaなどの呼び出しや条件分岐、繰り返しなどの論理構造をワークフローで関連付けて実行します。

Step FunctionsでLambda、SQS、SNSを条件判別して組み合わせるワークフロー例

AWSサービスの様々なイベントから連携する AWS EventBridge

　AWSサービスは様々なイベントが発生し、そのイベントを起因に他のAWSサービスを連携させたいときがあります。イベントを捕捉しそれに対応する処理を実行する仕組みとして **AWS EventBridge** が利用できます。例えば、EC2インスタンスが停止したイベントをEventBridgeで監視し、それに対応する処理を実行するLambda関数を呼び出すことができます。

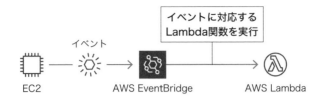

イベントに対応する
Lambda関数を実行

イベント

EC2 — AWS EventBridge — AWS Lambda

☑ 分散システムの優れた連携は疎結合を意識する

☑ 疎結合のためのキューサービスがAmazon SQS、通知サービスの
Amazon SNSを利用できる

☑ AWS Step Functionsは条件分岐や繰り返しなどワークフローの定義と実
行のサービス

☑ AWS EventBridgeはAWSサービスのイベントをきっかけに他のサービ
スを呼び出す連携サービス

アプリケーション開発プラットフォーム

Point!

■ **アプリケーション開発をモダンに効率よく行うためのAWSサービスがあ
ります。IDEのCloud9、シェル環境のCloudShellのほか、フロントエン
ド開発のAWS Amplify、CI/CD用途で連携できるCodeシリーズを利用
できます。**

システム開発、アプリケーション開発者向けの以下のAWSサービスがあり
ます。

- ●AWS Cloud9：WebベースのクラウドIDE（統合開発環境）
- ●AWS CloudShell：サーバレスでコマンドラインインターフェスを実行
  する環境
- ●AWS Amplify：AWSサービスと連携するフロントエンドアプリケーシ

ョンの開発プラットフォームとツールチェイン

アジャイル開発やCI/CDを取り入れるためのベースとなるモダンアプリケーション開発のツール群と組み合わせるAWS Codeシリーズ（Codeから始まるいくつかのAWSサービス）も利用できます。

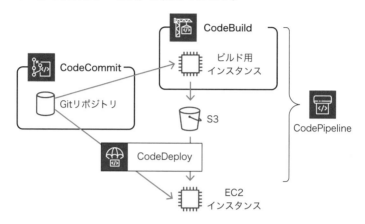

- ●AWS CodeBuild：アプリケーションのビルド機能を提供するマネージドサービス
- ●AWS CodeCommit：マネージドのGitリポジトリサービス
- ●AWS CodeDeploy：継続的デプロイのマネージドサービス
- ●AWS CodePipeline：アプリケーションデプロイのワークフローを提供するマネージドサービス

たくさんのサービスがからむ複雑な印象を持つかもしれませんが、サービスひとつひとつはシンプルな機能であり、それらの組み合わせで動くものです。Codeシリーズを活用することで、例えば新しい機能を追加したアプリケーションのコードでテストを実行、問題がなければ本番環境にデプロイするという一連のアプリケーション開発の流れを自動化できます。GitHubなどコード管理や開発フローを仕組み化するサービスと組み合わせることで、複雑なアプリケーションでも高頻度にデプロイを安全に行うチーム開発が実現できます。

☑ 統合開発環境を提供するAWS Cloud9

☑ フロントエンドアプリケーションの開発プラットフォームのAWS Amplify

☑ モダンアプリケーション開発のためのデプロイチェーンとして利用する
　 AWS Codeシリーズ

Column!

疎結合とは

　疎結合は、アプリケーション開発においてプログラム同士の依存度を示す用語です。あるプログラムから別のプログラムを呼ぶときにプログラムの稼働場所に関する情報を固定的に持たない、渡すデータの形式や手順を汎用化するなど工夫して、依存度の少ないことを指します。反対語に密結合があります。

企業利用向けサービス

AWSは、特定の業種や目的のためのサービスも提供しています。

■ **企業利用向けサービスは普段の生活ではあまり目にすることはありませんが、目的とサービスを利用する利点を理解しておきましょう。**

電話の自動応答システム: Amazon Connect

宅配便の再配達の電話サービスを利用したことはありますか。電話をかけると機械音声が流れ番号を押すと所定のメッセージや処理が行われる仕組みになっていて、IVR（Interactive Voice Response）システムと呼びます。IVRシステムをクラウドサービスとして提供するのが**Amazon Connect**です。従来のIVRシステムはライセンス費やオンプレミスへの依存の高いものが多かったのに対して、Amazon Connectはスモールスタートしやすい従量課金やクラウドサービスなのですぐに利用できる特徴があります。

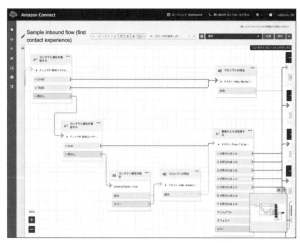

仮想デスクトップ環境：Amazon Workspaces

　顧客情報や営業情報などの機密情報をPCで扱う場合、盗難や置き忘れによる情報漏えいのリスクがつきものです。それらの機密情報をPCで扱う代わりに仮想PCをクラウドに用意し、PCの画面をネットワーク経由で表示する仕組みが仮想デスクトップ環境です。AWSの仮想デスクトップ環境サービスが**Amazon Workspaces**です。OSの設定やアプリケーションのデプロイなどを事前構成したデスクトップ向け環境を用意し、安全で遅延の少ないリモート画面表示を提供します。

Amazon WorkSpacesによる仮想デスクトップのスクリーンショット

企業向けEメール送受信：Amazon SES

　Eメールというと、人同士で連絡を取り合う手段が思い浮かびますが、マーケティングのために大量のメールをシステムから一括送信したり、システムと連携する自動応答メールを利用することがあります。システムとの連携を目的とする企業向けEメール送受信を提供するサービスが**Amazon SES**です。

　Eメールの安定送信のために、SESにはEメールの到達率や無効なメールアドレス（無効なメールアドレス宛のメールのことをバウンスメールと呼びます）

をチェックする機能、ダッシュボード画面などがあります。

☑ Amazon Connect：電話の自動応答 (IVR：Interactive Voice Response)
　システム

☑ Amazon WorkSpaces：仮想デスクトップ環境 (VDI：Virtual Desktop
　Infrastructure)

☑ Amazon SES (Simple Email Service)：システム向けのEメール送受信

Chapter

04

AWSの管理

アクセス方法と
認証・認可

Point!

■ **AWSの操作を行う方法としては、AWSマネジメントコンソール、API、CLI、SDK、IaCがあり、目的に応じて使い分けます。**

AWSのサービスを作成、構築する手段

　各AWSのリソースを管理し構築、作成する操作方法について解説します。AWSを操作する際には**インターフェース (interface)** を通して行います。インターフェースとはユーザーがAWSを操作する命令を受け取ってAWSに実行させたり、その結果を画面に表示したりと仲介役となる役割を担う機能になります。直訳すると接点や境界という意味で、ITの分野ではAWS以外にもハードウェアやソフトウェアの接続などで使われる言葉です。

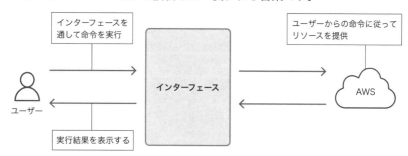

　いくつか種類がありますのでそれぞれ解説します。

AWSマネジメントコンソール

　Webブラウザ上から視覚的に操作しAWSのリソースを管理できる機能です。AWSのアカウント作成が完了すると最初にアクセスするインターフェースです。Webブラウザを通してクリックだけでAWSの操作が行えるので比較的扱いやすい操作方法になります。なお、このように視覚的な情報で操作でき

るインターフェースのことをGUI（Graphical User Interface）ともいいます。

API

　アプリケーション・プログラミング・インターフェース（**Application Programming Interface**）のことを略して**API**と言います。その名の通り主にアプリケーションが使用するインターフェースで、通信するために必要なルールなどが定められています。アプリケーション用なので、あまりユーザーがAWSのAPIを通して操作することはありませんが、先述のマネジメントコンソールも実はユーザーがWebブラウザに入力した命令を受け取って、APIを通してAWS上で実行しています。後述のCLIやSDK、IaCもAWSへの命令はAPIを通して行います。詳しく知りたい方は以下のページが参考になります。

　https://aws.amazon.com/jp/builders-flash/202209/
way-to-operate-api

AWS CLI（コマンドラインツール）

　コマンドラインツールは**CLI**からAWSを操作するツールです。CLIとは、コマンドライン・インターフェース（Command Line Interface）の略です。コマンドラインから操作を実行するのですが、コマンドラインとはコマンドを入力して操作を行うもの（入力行）を指し、読者の皆さんのPCにも搭載されています[注1]。なおコマンドラインを用いて文字列のみでコンピュータに命令を送ったり情報を表示したりして操作することをCUI（Character-based User Interface）と呼びます。

　AWSコマンドラインツールをインストールすることでCLIを通してAWSを操作できます。AWS CloudShellというサービスを使えばAWSアカウントをお持ちの方でしたらセットアップ不要でCLIを使うことができます。

注1　Apple社のmacOSの場合はターミナル、Microsoft社のWindowsの場合はWindows ターミナルといいます

https://aws.amazon.com/jp/cli/

https://docs.aws.amazon.com/ja_jp/cloudshell/latest/
userguide/welcome.html

AWS SDK

ソフトウェア・デベロップメント・キット（Software Development Kit）を略してSDKと言います。AWS SDK（以降、SDK）は、ソフトウェア開発時に組み込むことで、ソフトウェアからAWSの操作が行えるようになります。ソフトウェア（アプリケーション）から操作するということで先述のAPIと似ていますが、APIを直接操作するのと比べ、開発がしやすいことから多くの場合はこちらのSDKが使われます。対応しているプログラミング言語などは公式ページの最新情報をご確認ください。

https://aws.amazon.com/jp/developer/tools/

IaC

インフラストラクチャ・アズ・コード（Infrastructure as Code）を略してIaCと言います。プログラミング等のコードを用いてAWSを管理します。コード化されていますので、作ったAWSの環境を簡単に複製したり、設定時に誤った操作をしてしまうことを防ぐことができます。AWSで提供されているサービスだと **AWS CloudFormation** というものがあり、テンプレートと呼ばれるファイルにJSONまたはYAML形式で構文を記述することでAWS環境を定義することができます。

https://aws.amazon.com/jp/cloudformation/

☑ Webブラウザ上から視覚的に操作しAWSのリソースを管理できるのが
　AWSマネジメントコンソール

☑ アプリケーション用のインターフェースがAPI

☑ CLIからAWSの操作を行うときに使用するのがAWS CLI（コマンドライン
　ツール）

☑ ソフトウェア（アプリケーション）からAWSを操作するときに使用するの
　がAWS SDK

☑ クラウド環境をプログラミング等のコードを用いて管理するのに使用する
　のがIaC

AWSにおける権限

Point!

■ **AWSへアクセス可能なのはルートユーザーとIAMによって生成されたリソ
ース（IAMユーザー、IAMロール）があります。それに対し権限を付与する
のがIAMポリシーで、IAMユーザーの場合はIAMユーザーグループを使う
ことでグルーピングし一括付与も行えます。複数アカウントへのログインや
権限を一元管理できるAWS IAM Identity Centerや、AWSの外部での
認証によってAWSリソースへのアクセスを許可するフェデレーションとい
った機能もあります。**

　AWSでは必要以上に大きな権限を持たせて操作することを非推奨としてお
り、**最小権限の原則**というものがセキュリティのベストプラクティスとして掲
げられています。もし大きな操作権限を持った状態で認証情報が他者に奪われ
てしまった場合、仮想通貨（暗号資産）のマイニングといった用途で大量のリ
ソースが使われてしまい、その支払い責任を負わされてしまう可能性があるた
めです。

AWSのアカウントにおいて大きな権限持つものといえば**ルートユーザー**が挙げられます。AWSのアカウントを作成した際、最初にあるユーザーです。ルートユーザーにしかできないこともありますが、一方でそれ以外の用途では使用を避けるように、適切なセキュリティ設定を行うようにしましょう。

ルートユーザーにしかできないことと管理

ルートユーザーは先述した通りAWSアカウントの初期ユーザーです。ログインする際にはアカウント作成の際に登録したEメールアドレスとパスワードを使用してログインします。ルートユーザーにしかできないこととしていくつか例をあげます。

・**支払い情報や通貨、登録Eメールアドレスの変更といったアカウントの設定**
・**AWSアカウントの閉鎖**
・**最初のIAMリソースの作成**

その他の点については以下のAWS公式ドキュメントを参照下さい。
https://docs.aws.amazon.com/ja_jp/IAM/latest/
UserGuide/root-user-tasks.html

ルートユーザーの不正利用対策としてはいくつかAWSからベストプラクティスが提示されていますが、代表的なものをご紹介します。

まずは**MFA**の設定です。MFAとは、Multi-Factor Authenticationのことで、多要素認証とも呼ばれます。ログインで使用するEメールアドレスとパスワードとは別の認証要素を追加することで、万が一認証情報が流出してしまってもアカウントが乗っ取られることを防ぎます。設定方法については以下の公式ドキュメントを参照下さい。

https://docs.aws.amazon.com/ja_jp/IAM/latest/
UserGuide/enable-virt-mfa-for-root.html

次はパスワードの設定です。パスワードは記号や数字、英字の大文字や小文字を組み合わせたりパスワードの文字数を増やすことで複雑にすることが推奨されています。AWSからもデフォルトのパスワードポリシーとして以下が定

められていますが、なるべく複雑なものを設定しましょう。また設定したパスワードについては定期的なローテーションを行うことが推奨されています。

- **8～128文字で構成する**
- **英字の大文字と小文字、数字、および！＠ ＃ ＄ ％ ＾ ＆ ＊ () <> [] {} | _+-= の記号を含める**
- **AWSアカウント名またはメールアドレスと同一にしない**

その他のベストプラクティスについては以下を参照下さい。

https://docs.aws.amazon.com/ja_jp/IAM/latest/
UserGuide/root-user-best-practices.html#ru-bp-
password

IAM

　ルートユーザー以外の権限管理は**AWS Identity and Access Management**（以降、**IAM**）というサービスで行います。IAMはAWSアカウントへのアクセスや、アクセス許可したユーザーや他のAWSアカウントのサービスに対して行えることを管理します。いくつか種類があるのでそれもここで解説します。

IAMユーザー

　IAMユーザーとは、AWSアカウント内で作成されるユーザーアカウントです。ログインの際には認証情報として**アクセスキー**と**シークレットキー**を使用します。主に人力で直接AWSを操作する際に使用するものですが、アクセスキーとシークレットキーを組み込むことで先述のCLIとSDKからもAWSの操作が行えるようになります。アクセス権によって許可された操作のみが行えます。

　ルートユーザーで先述したMFAはIAMユーザーにも適用可能なので、作成したら必ず設定するようにしましょう。

IAMロール

　IAMロールとは、一時的なアクセス権を付与するアカウントです。ログインという概念はなく、主にAWSのリソースが一時的なアクセス権を取得しア

クセスを行えるようにする仕組みです。例えばEC2からS3への操作を行いたい場合、EC2インスタンスにS3へのアクセス権を付与したIAMロールをアタッチすることでS3へのアクセス及び操作が行えるようになります。

　IAMロールの権限設定はアカウントを跨ぐこともできます。

IAMポリシー

　ここまで解説したIAMユーザーとIAMロールに具体的なアクセス許可を与えるのが**IAMポリシー**です。ポリシーはJSON形式で記述され、アクセス対象となるAWSリソース、そこで行える操作（AWSではアクションと言います）の許可と拒否が設定できます。IAMポリシーを適用することを**アタッチ**と言います。

　IAMユーザーに対しては個別にIAMポリシーをアタッチすることもできますが、**IAMユーザーグループ**というものもあり、グループに対してIAMポリシーをアタッチすることもできます。複数のIAMユーザーに対し同じアクセス権を与えたいときに使用します。

　IAMポリシーには、管理ポリシーとインラインポリシーがあり、管理ポリシーは複数のIAMロールやIAMユーザーに適用可能なポリシーで1対多で適用できます。一方、インラインポリシーは別名埋め込み型とも呼ばれIAMユーザーやIAMロールに対し直接記述を行う1対1の適用になります。

●**IAM ユーザーのイメージ図**

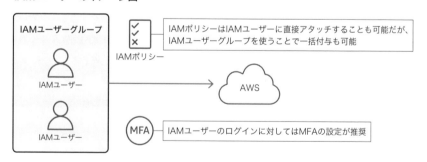

● **IAM ロールのイメージ図**

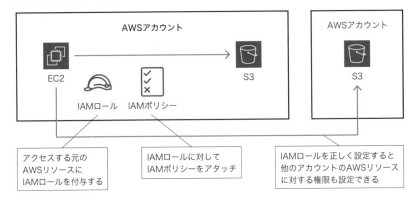

AWS IAM Identity Center

　複数アカウントへのログインや権限を一元管理できるサービスです。本書「AWSの管理」の「料金と請求」でもご紹介するのですが、AWS Organizationsという複数アカウントを管理するサービスと併せて使用します。AWS IAM Identity CenterはAWSアクセスポータルというログイン画面を提供し、こちらからログインすると許可されたAWSアカウントを選択しログインできるようになります。このように1度の認証で複数のシステムの利用が可能になる仕組みのことをシングルサインオンと言います。

フェデレーション

　認証はAWSの外部でも可能です。従業員の管理などで社内ディレクトリを用いている場合には認証を連携させる**フェデレーション**を使うことでAWSリソースへのアクセスを許可することができます。詳しくは以下のページを参照ください。

https://docs.aws.amazon.com/ja_jp/IAM/latest/
UserGuide/introduction_identity-management.
html#intro-identity-federation

☑ AWSでは最小権限の原則を推奨している

☑ AWSアカウントの初期ユーザーをルートユーザーと呼び、ルートユーザーにしか行えないタスクが存在する

☑ ルートユーザーやIAMユーザーは不正利用されるリスクがあるためMFAやパスワードを複雑にするといった対策を行う

☑ IAMはAWSアカウントへのアクセスや、アクセス許可したユーザーや他のAWSアカウントのサービスに対して行えることを管理する

☑ 一時的なアクセス権を付与するのがIAMロール。主にAWSのリソースで使用する

☑ IAMユーザーとIAMロールに具体的な許可を与えるのがIAMポリシー

☑ 複数アカウントへのログインや権限を一元管理できるサービスがAWS IAM Identity Center

☑ 社内ディレクトリなどAWS外の認証によってAWSリソースへのアクセスを許可する機能をフェデレーションという

認証と認可

　認証と認可の2つのワードは似ているようで異なる意味を持っています。認証とは、**相手を確認・特定すること**を指します。その人しか知り得ない合言葉（パスワード）や指紋などが該当します。認可は認証によって特定した人物に対し**許可（権限）を与えること**を指します。認証は近年、指紋認証などが普及してきたのでイメージがしやすいと思います。SNSやインターネットサービスにログインすることも認証ですね。認可は例えるなら家の鍵の受け渡しが該当します。家の鍵を渡すことは家の扉を開ける権限を与えるものですが、相手が誰かというのを家の扉が確認・特定しているわけではありません。鍵を落としてしまい、誰かがそれを拾ってしまうと不正に家の扉を開けることができてしまいます。

　認証と認可がセットになったものだとパスポートがイメージしやすいと思います。パスポートの旅券番号の記録や顔写真によって相手を認証し、入国の認可をします。私たちの生活においても認証と認可は身近でよく行われているものなのですが改めて意識してみると発見があると思います。この話がIAMの理解につながると幸いです。認証と認可については以下のブログも大変参考になります。

https://dev.classmethod.jp/articles/authentication-and-authorization/

アクセス情報の保管・管理

Point!

■ リソースにアクセスするにはパスワードなど認証情報が必要になるケースが
あります。そういった情報の保存にはAWS Systems Managerの
Parameter StoreかAWS Secrets Managerを使います。

　システムを構築する際、アプリケーションからデータベースに接続するための認証情報が必要になったり、AWSリソースにアクセスするために先述したIAMのアクセスキー・シークレットキーが必要になります。こういった情報はアプリケーションのconfigファイル等に書き込むという方法もありますが、最近ではGitHubのようなコード管理システムを使うことが増えており、設定を誤ってconfigファイル等に書き込んだ認証情報を公開してしまい、不正アクセスを招いてしまうという事故が多く発生しています。正しい設定をすれば問題ないかもしれませんがリスクは極力回避した方が良いです。そこでAWSではそういった認証情報は専用のストレージに保存することを推奨しており、それが**AWS Systems ManagerのParameter Store**と**AWS Secrets Manager**です。

　AWS Systems ManagerはAWSやオンプレミスのリソースを管理することができるサービスです。AWS Systems Managerの機能は多岐に渡るのですが、その中でもParameter Storeが今回の要件に使うことができます。パスワード以外の情報でも、改行に対応しているので利用しやすいです。例えばYAMLの設定ファイルなどを保存できます。AWS Systems Managerは他にも様々な管理サービスがありほとんどを無償で利用することができます。詳しくは以下の資料を参照ください。

　https://pages.awscloud.com/rs/112-TZM-766/images/02.AWS_SSM
　で始める運用管理.pdf
　https://pages.awscloud.com/rs/112-TZM-766/images/
　AWS-20_CloudOperations_KMD14.pdf

AWS Secrets Manager は認証情報の管理、保存に特化したサービスです。Parameter Store との違いとしてローテーションが挙げられます。よく Web サイトでも定期的にパスワードの更新を勧められることがありますが、認証情報も同様で定期的に更新することが望ましいです。AWS Secrets Manager は自動で定期的に認証情報を更新してくれます。詳しくは以下のブログを参照いただけますとイメージを掴みやすくなります。

https://dev.classmethod.jp/articles/secrets-manager-password-rotation-2022/

紹介した両者とも暗号化に対応しているため安全に保管が可能です。どちらも似たサービスなので使い分けによく悩むのですが AWS Systems Manager の公式ドキュメントの「よくある質問」には以下の記載があります。

https://aws.amazon.com/jp/systems-manager/faq/

"設定とシークレットにひとつのストアが欲しい場合、パラメータストアをお使いください。ライフサイクル管理を備えたシークレット専用のストアが欲しい場合、シークレットマネージャーをお使いください。パラメータストアは追加料金なしで、パラメータ数 10,000 個の制限でお使いいただけます。"

他の観点としましては以下のブログも参考になりますので併せてご参照ください。

https://dev.classmethod.jp/articles/secretsmanager-or-parameterstore/

Check!

☑ 認証情報はアプリケーションの設定ファイルなどには記述しない

☑ AWSで認証情報の安全な保存に使えるサービスはAWS Systems Manager
の Parameter Store と AWS Secrets Manager

Column!

アカウント ID は機密情報になるの？

パスワードやAWSのアクセスキー・シークレットキーはリソースへのアクセスに直結しますので公開しないほうがいい情報として判断しやすいのですが、AWSのアカウントIDはいかがでしょうか。

公式情報では他の識別情報と同様に慎重に使用および共有する必要がありますが、機密情報、または重要情報とは見なされないということが執筆現在はドキュメントに明記されています。なので、ある程度配慮した方がいい情報ですが AWS Systems Manager の Parameter Store や AWS Secrets Manager で暗号化するほどの情報ではなさそうです。

https://docs.aws.amazon.com/ja_jp/accounts/
latest/reference/manage-acct-identifiers.html

Column!

もし不正利用されて多額の請求が来たら
AWSは許してくれる？

　よくSNS等で不正利用により多額の請求が来てしまったがサポートに問い合わせた結果、事なきを得たという話を見ますが、個人的な見解としては珍しいものと考えます。というのも本書の「AWSの活用と計画」でも後述する責任共有モデルでは、適切な権限の適用はAWSを利用するユーザー側の責任となっています。なのでAWSで大きなシステムを運用するわけでなかったとしても油断せず、適切なアカウント管理を行いましょう。

監視・監査

　監視とは、システムの動作を見守り異常があれば速やかに対応するために行うものです。監査とは、システムの操作や変更などを記録し情報漏洩などのインシデントがないようにコンプライアンスを徹底することを目指すものです。オンプレミスと同様、AWSでの運用においても監視と監査は不可欠です。

　インターネットサービスを利用する際、そのサービスが頻繁に利用できなくなったり、情報の管理が杜撰に見えたりセキュリティ事故があったりすると利用するのを躊躇ってしまいますよね。ただインターネットサービス提供側としてはインシデントの対応方法に迷ってしまいがちです。AWSにはそういった監視・監査をサポートするサービスが提供されていますので本節でご紹介します。

Point!

- **システムの監視にはAmazon CloudWatchを用いる。Amazon CloudWatchではメトリクスやログを収集し、アラームを使用することで障害を検知したり何か自動でアクションを設定することができる。**
- **システムの監査には、AWS Audit Manager、AWS CloudTrail、AWS Configを用いる。アクティビティやログから使用状況を継続的に監査し記録することでリスクやコンプライアンスを評価することができる。**

監視サービス

Amazon CloudWatch

　Amazon CloudWatch（以降、CloudWatch）はAWSのリソースやユーザーのアプリケーションの監視を行うサービスです。いくつか機能があるのですが、監視においてよく使用するのは**Amazon CloudWatch Metrics（以降、CloudWatchメトリクス）**と**Amazon CloudWatch Logs（以降、**

CloudWatch Logs) です。それぞれご説明します。

　CloudWatchメトリクスは監視対象からデータポイントを取得しモニタリングするサービスです。例えばCloudWatchメトリクスではデフォルトでEC2インスタンスのCPU使用率、データ転送、ディスクの使用状況に関するをデータポイントを取得し5分間隔でグラフに表示します。これは**基本モニタリング**といって無料で取得可能です。なお、この状態ですと何か異常があったとしても最大5分間検知できないので、もう少し頻度を上げて監視したいという場合には**詳細モニタリング**を有効化します。このメトリクスに閾値を設定し、**アラーム**を使用することができます。この時、併せてアクションを定義します。例えばEC2インスタンスのCPU使用率が90%を超えてしまったらメールで通知する、EC2インスタンスを再起動するといったことが可能になります。また、収集したメトリクスに対して**Cloudwatch Metrics Insights**というサービスを使うことでメトリクスの集計、グループ化ができます。

　Cloudwatch LogsはAWSのリソースや、ユーザーのアプリケーションから生成されるイベントなどを記録したテキストデータである**ログ**を収集し保存することができます。保存したログに対しては検索やフィルタリング、監視を行うことができるので、例えばインターネットサービスの利用者から問い合わせがあった際の記録調査や、アプリケーションが異常な状態にある際に出力するログを監視し先述したアラームを使用しアクションを設定することができます。CloudWatchメトリクスと同様で収集したログに対して**Cloudwatch Logs Insights**を使うことで検索だけでなく分析が行えるようになります。

☑ Amazon CloudWatchは監視に使うサービス

☑ CloudWatchメトリクスはCPU使用率などリソースの状態を示す数値データを収集する

☑ CloudWatch LogsはAWSリソースなどのイベントに関するログテキストデータを収集する

具体的にシステムの異常って
何を監視すればいいの？

　CloudWatchではデフォルトで多くのメトリクスを提供してくれるので、実際にどの部分に重点を置いて監視するかは悩みがちなポイントなのですが、基本的にはユーザーの目線に立つことが大切です。ユーザーが実際にアクセスするポイントに対して定期的にリクエストを送り、レスポンスの遅れが発生していないか？エラーのレスポンスが返ってこないか？という観点で監視を行います。これを外形監視と言います。この外形監視を基本に、異常があれば細かいリソースのメトリクスを確認していくという流れがいいと筆者は考えます。外形監視からのチューニングに関しては以前ブログを執筆しましたので参考にしてみてください。

https://dev.classmethod.jp/articles/high-traffic-
operation-all-for-ux/

　別の書籍にはなってしまいますが、『入門 監視』という書籍は非常に参考になります。

https://www.oreilly.co.jp/books/9784873118642/

監査サービス

AWS CloudTrail

　AWS CloudTrail（以降、CloudTrail）はマネジメントコンソールを使ったユーザーアクティビティやAWS CLI、AWS SDKなどで実行されるAPIコールを通してどういった操作や設定を行ったのかをログとして保存するサービスです。そのため、過去の操作や設定がセキュリティポリシーや規制に準拠してい

るかどうかを確認するようなコンプライアンスの監査に活用することができます。CloudTrailはアカウント作成時に自動で有効になるようになっており、ログはイベント履歴として記録されて90日間まで確認可能となっています。90日以上記録する際には**証跡**というログをS3バケットに配信する機能もあります。S3上に配信されたログに対して分析や検索を行うことで異常なアクティビティを検出したりできます。

CloudTrailでログに記録される種類として、**管理イベント**と**データイベント**があります。管理イベントはAWSアカウント内のリソースに対して実行される操作で、データイベントはリソース内のデータに関して実行される操作です。例を挙げますと、S3のバケット作成は管理イベントで、S3バケット内のオブジェクトへの読み込みや書き込みはデータイベントです。デフォルトではデータイベントの記録は有効化されていないので追加の変更が必要です。詳しくは以下のドキュメントを参照ください。

https://docs.aws.amazon.com/ja_jp/awscloudtrail/
latest/userguide/logging-data-events-with-cloudtrail.
html

AWS Config

AWS ConfigはAWSリソース[注1]の設定変更を記録し、設定履歴を記録します。何かしらのリソースに対して、誰が、いつ、何を変更したかが履歴として追跡できるのでコンプライアンス対応に活用することができます。こちらはCloudTrailと異なり使用する際には有効化をする必要があります。

設定の変更を検出し通知を行うこともできます。設定ルールというものを設け、例えばセキュリティグループで適切な保護を行なっていない箇所はないか、S3バケットを公開していないかなどをチェックすることができます。ルールにはAWSが用意しているマネージドルールと、ユーザーが独自に定めるカスタムルールがあります。ただ、AWS Config単体ではあくまでルールに従

注1　AWS ConfigはAWSリソース以外にもEC2インスタンス上及びオンプレミス、もしくは他のクラウドプロバイダー上で稼働しているサーバ上のソフトウェアの設定変更も記録できます。

っているかを評価し検知することまでしかできないのでユーザーによるコンプライアンス違反そのものを防ぐことはできません。

AWS ConfigはCloudTrailと統合することもでき、AWS Configによって記録される変更履歴をCloudTrailのイベントと関連付けることもできます。

https://aws.amazon.com/jp/config/

AWS Audit Manager

AWS Audit Manager（以降、Audit Manager）は、AWSの使用状況をコンプライアンスの基準に沿っているか監査証跡の収集を行うサービスです。コンプライアンスの基準は様々で例えばクレジットカード周りの情報保護を目的としたPCI DSSや、医療情報データ保護について定めた法律のHIPAAなど業界標準や規制の対応が求められます。Audit Managerはこれらの業界標準が監査に要求する項目のテンプレートが入っており、監査証跡を自動で収集します。これ以外にもユーザー独自の監査要件を定義してカスタムフレームワークを作成可能です。また、Audit Managerはマルチアカウントの証拠収集及び評価をサポートしており、AWS Organizationsとも連携することができます。

AWS Artifact

AWS Artifactはセキュリティやコンプライアンスのドキュメント（レポート）をダウンロードできるサービスです。無料で利用可能で、IAMによってアクセス制限をかけることもできます。

Check!

- ☑ AWS CloudTrailはユーザーアクティビティやAPIコールを通して、誰がどういった操作や設定を行ったのかをログとして保存するサービス

- ☑ AWS ConfigはAWSやオンプレミスのリソースやソフトウェアに対して何を変更したかを履歴として保存するサービス

- ☑ AWS Audit Managerは監査に必要な情報を自動で収集するサービス

- ☑ AWS Artifactは無料でセキュリティやコンプライアンスのドキュメント（レポート）をダウンロードできるサービス

SLAとは？

　SLAとはService Level Agreementsの略で、サービスを提供する事業者が顧客に対してどの程度のサービスレベル（品質）を提供するかを提示したものです。AWSでも規定されており、例えばEC2だと複数アベイラビリティーゾーン、またはリージョンに配置されていることを前提とし、月間稼働率99.99%の稼働率で利用可能にすることを約束しています。もし守れない場合は規定に従いサービスクレジットが返却されます。詳細や最新情報は以下の公式ドキュメントを参照ください。

　https://aws.amazon.com/jp/legal/service-level-
　agreements/

　ちなみにサービスレベルの定義としては他にもSLI（Service Level Indicators）とSLO（Service Level Objectives）があります。SLIはサービスレベル指標で、測定可能なメトリクスです。よく用いられる値ですとリクエストの応答時間（リクエストレイテンシ）などがあります。SLOはサービスレベル目標であり、SLIで定めた指標に対してどのくらいの可用性を担保するかという目標です。SLIがリクエストの応答時間だとすると100ミリ秒以下にするといったことがSLOになります。SLA以外のサービスレベルの定義を知っておくとサービス提供者の立場になったときに参考になります。

セキュリティ

　セキュリティはITシステムを安全で安定に利用するために欠かせません。サイバー攻撃は高度化が進み、広範で十分なセキュリティ対策が求められます。AWSは本書「AWSの計画と活用」でも紹介する責任共有モデルを基礎としてITシステムの管理者が効率的に十分なセキュリティ対策を行うためのセキュリティサービスを提供しています。AWSのセキュリティサービスがたくさんあるのは、それだけ対策が必要なセキュリティ項目があることの現れです。それぞれのサービスの目的や使い分けを押さえることで、サイバー攻撃やセキュリティ対策の仕組みの理解に繋げることができます。

　AWSセキュリティの全体的な考え方や取り組み方は、本書「AWSの計画と活用」でも紹介するWell-Architectedフレームワークのセキュリティの柱を参照してください。本項ではセキュリティ対策の種類とそれに対応するAWSのセキュリティサービスを理解しましょう。

Point!

- セキュリティ対策の主な手法として、ソフトウェア脆弱性やネットワークセキュリティ、AWS構成自体のセキュリティチェックがあります。それぞれの仕組みや対応するAWSサービスを理解して効果的なセキュリティ計画を立案、運用することが重要です。
- AWSのセキュリティ関係の情報はAWSクラウドセキュリティ（AWSセキュリティセンター）、AWS Security Blog、AWSナレッジセンターで入手できます。

AWSのセキュリティ情報を入手できるサイト

　AWSにはセキュリティ関係の情報を公開しているサイトがありますのでご

紹介します。

AWSクラウドセキュリティ（AWSセキュリティセンター）

AWSのセキュリティ最新情報や、セキュリティに関係するホワイトペーパー、動画、記事、ブログ投稿、トレーニング、ドキュメントなどの学習コンテンツがまとめられたサイトです。

https://aws.amazon.com/jp/security/

AWS Security Blog

AWSセキュリティ関係のブログが掲載されています。

https://aws.amazon.com/it/blogs/security/

AWSナレッジセンター

詳しくは本書「AWSの管理」に書かれたサポート活用でもご紹介しますが、AWSに頻繁に寄せられる質問や要望を紹介がナレッジとして掲載されているWebサイトです。セキュリティ関係の情報も寄せられています。

https://repost.aws/ja/knowledge-center

ソフトウェア脆弱性

AWSの利用者が対応するべきセキュリティ対策のひとつに、ソフトウェア脆弱性対策があります。ソフトウェア脆弱性とは、ソフトウェアの設計上の考慮漏れを利用して仮想マシンの管理者権限を奪取する欠陥を指します。OSやミドルウェアの脆弱性は日々たくさんの報告があり、インターネットで公開される脆弱性データベースであるCVE（Common Vulnerabilities and Exposures）に蓄積されていきます。

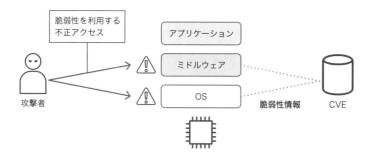

Amazon Inspector

Amazon Inspectorは、CVEを基にAWSが管理する脆弱性情報のデータベースによって仮想マシンのソフトウェアをチェックし、脆弱性を検出するサービスです。Inspectorによるチェックを継続的に実施し、ソフトウェアの脆弱性対応を運用に組み込むべきです。

AWS Systems Managerの連携

Amazon Inspectorによるソフトウェア脆弱性チェックを行うために、対象の仮想マシンにエージェントと呼ばれるソフトウェアをインストールすることがあります。Amazon EC2の仮想マシンインスタンスではAWS Systems ManagerのSSM AgentがInspectorのエージェントとなって、脆弱性チェックを実行します。

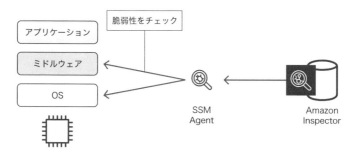

検出された脆弱性への対応方法には対象ソフトウェアのバージョンアップがあります。ソフトウェアのバージョンアップには、AWS Systems ManagerのPatch Managerが利用できます。

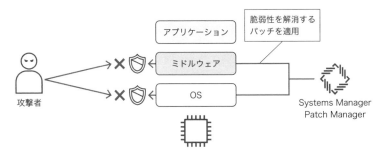

Amazon Inspectorはソフトウェア脆弱性の情報を持つ頭脳、Systems Managerは脆弱性チェックやソフトウェアアップデートを実行する手足のような関係をイメージすると良いでしょう。

ネットワークセキュリティ

AWSはインターネット向けにサービスを提供するための様々なサービスをユーザーに提供します。一方でインターネットでは様々な目的の悪意を持ったユーザーによる攻撃が日常的に行われています。インターネットのネットワーク越しの攻撃からシステムを保護するセキュリティ手法を**ネットワークセキュリティ**と呼び、AWSのネットワークセキュリティサービスとして**セキュリティグループ**、**AWS WAF**や**AWS Shield**があります。

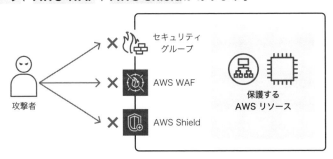

セキュリティグループ

AWSのリソースに関連付けるファイヤーウォール機能です。関連付けたリソースが受信する通信（インバウンド）と送信する通信（アウトバウンド）をル

ールによって制御します。ルールには送信相手の指定、プロトコルの指定、ポート番号[注1]の範囲が指定できます。このようなネットワークの境界に配置し通信を制御するものをファイアウォールと呼びます。例えば以下のようなものが設定できます。

ルールの例	利用場面
すべてのインバウンドHTTPSアクセスを許可する	Webサイトを公開するときによく使うルールです。
特定のIPアドレスからのインバウンドSSHアクセスを許可する	EC2インスタンス等に管理者がSSHで通信する際、通信元を制限する時に使用します。

AWS WAF

　Webアプリケーション向けのネットワークセキュリティ機能としてWAF（Web Application Firewall）があり、WAFを提供するAWSマネージドサービスが**AWS WAF**です。AWS WAFにはWebアプリケーションの主要な攻撃手法から保護するための以下の機能が備わっています。

- ・**Webアクセスコントロールリスト（ACL）：セキュリティグループが許可ルールしか設定できないのに対して、Web ACLは不正アクセスを続ける特定のIPアドレスなどを拒否するルールが設定できます。**
- ・**ボットコントロール：ボットに似た振る舞いのWebリクエストを遮断します。**
- ・**アカウント詐欺防止：大量作成試行などの不正なアカウント作成リクエストを遮断します。**

AWS Shield

　インターネットで近年問題になっている攻撃手法としてDistributed Denial of Service（DDoS）攻撃があります。AWSのDDoS保護サービスが**AWS Shield**です。インターネットからのDDoS攻撃を検知すると、それを緩和、防御するための対策がAWSのエンジニアによって行われます。

注1　ポート番号とはコンピュータが通信に使用するプログラムを識別するための番号です。

AWS構成のリスク分析

　AWSサービスはセキュリティを考慮したサービス仕様が採用されていますが、ユーザーの設定によってはセキュリティリスクを含む構成になることがあります。セキュリティリスクを分析するためのAWSサービスとして**Amazon GuardDuty**が利用できます。

Amazon GuardDuty

　Amazon GuardDutyは、機械学習によるリスクの高いAWS構成の分析を提供します。例えば、EC2インスタンスのネットワーク保護機能であるセキュリティグループにおいて、リモートアクセスのSSHが全インターネットから許可するルール設定をセキュリティリスクの高い構成として検出できます。

Amazon Security Hubによる
セキュリティ対策の統合管理

　ここまで挙げてきたAWSのセキュリティサービスは、継続的なチェックや安全性の運用が重要です。複数のセキュリティサービスの構成や状況を一元管理する仕組みがAmazon Security Hubです。セキュリティ対策全般のダッシュボードを提供し、管理者の運用負荷を低減します。

AWS Trusted Advisorによるアカウント評価

　AWS Trusted Advisorとは、「コスト最適化」、「パフォーマンス」、「セキュリティ」、「耐障害性」、「サービス制限」、「運用上の優秀性」のチェックカテゴリに基づいてアカウントの評価を自動で行ってくれるサービスです。セキュリティ関係ですと、先述のセキュリティグループでリソースへの無制限アクセスを許可するルールをチェックしてくれたり、本書「AWSサービス紹介」のストレージで紹介したAmazon S3のバケットアクセスやAmazon EBSのスナップショットがパブリックになっているかをチェックしてくれます。AWS

Trusted Advisorの概要なセキュリティ関係の主な項目については以下のブロ
グも参考になります。

https://dev.classmethod.jp/articles/trustedadvisor-
security-check/

サードパーティーのセキュリティ製品

AWSのサービスから提供されていなくても、第三者（サードパーティー）の
セキュリティ製品を**AWS Marketplace**で検索、購入、管理ができます。セ
キュリティ以外にもビジネスアプリケーション、機械学習、データ製品など様々
なカテゴリのソフトウェアが出品されています。ソフトウェアの提供形式は
Amazon マシンイメージ（AMI）形式、Software as a Service（SaaS）形式
など様々です。詳しくは公式ドキュメントをご参照ください。

https://docs.aws.amazon.com/ja_jp/marketplace/latest/
userguide/what-is-marketplace.html

Check!

☑ AWSのセキュリティ関係の情報はAWSクラウドセキュリティ（AWSセキュリ
ティセンター）、AWS Security Blog、AWSナレッジセンターで入手できる

☑ ソフトウェア脆弱性データベースによるチェックを提供するAmazon
Inspector

☑ AWSのリソースに関連付けるファイヤーウォール機能がセキュリティグループ

☑ ネットワークセキュリティのWeb Application Firewallを提供するAWS WAF

☑ DDoS攻撃から保護するAWS Shield

☑ リスクのあるAWS構成を検出するAmazon GuardDuty

☑ 複数のセキュリティサービスの構成や状況を一元管理する仕組みが
Amazon Security Hub

☑ アカウントのセキュリティチェック（評価）を行うのがAWS Trusted Advisor

☑ サードパーティーの製品を扱っているのがAWS Marketplace

Column!

ゼロトラストとは？

　これまでセキュリティといえばファイアフォールやネットワークの境界（パブリック、プライベートなど）を分けて保護する（ネットワーク的に保護された環境に資産を入れる）という手法が取られてましたが、近年では信頼できるはずの境界内から攻撃をされてしまうというケースが増えてきたので「何も信頼しない」というゼロトラストという新しいセキュリティモデルが提唱されるようになってきました。本書でも解説した「認証認可」を使用し、デバイスを持つユーザーであれば「MFA」といった手法で相手を信頼できるか検証します。渡す権限も最小限にしアクセス許可するネットワークも細かく分けることで万が一のことがあっても被害を最小限に留めます。また一度信頼した相手も定期的に再認証を行い、継続的に検証を行います。学習コストのかかる新しいモデルではありますが、近年のセキュリティ攻撃に対応した参考になる対応です。以下のブログも大変参考になります。

https://dev.classmethod.jp/articles/bookreview_
zerotrust_network/

04 料金と請求

コンピューティング購入オプション

　AWSにおいて料金がかかる主なポイントはコンピューティングリソースです。常時立ち上げておくものなので固定費になるためです。ただコンピューティングリソースには**購入オプション**というものがあり、インスタンスの支払い方法によっては固定費を下げることができます。

Point!

■オンデマンドインスタンスは定価の代わりに安定稼働を期待することができる。中断や長期契約といったリスクを許容できれば割引価格で利用できるスポットインスタンスやリザーブドインスタンス/Savings Plansといったサービスもあります。

オンデマンドインスタンス

　オンデマンドインスタンスはコンピューティングリソースを利用した時間に応じた料金を支払う購入オプションです。これがいわゆる定価です。他の購入オプションでは長期契約や中断といったリスクを伴う代わりに支払う料金を下げるというものなのですが、オンデマンドインスタンスにはそういったものはありません。必要な時に必要なだけ立ち上げることができ、安定稼働を期待できるので、これから新しくスタートするシステムでコンピューティングリソースのインスタンスサイズの見積もりが難しいケースや中断することができないシステムに向いています。

スポットインスタンス

　スポットインスタンスはスポットプールという在庫のようなところに空き容

量があれば立ち上げられる低価格なインスタンスになります。リージョン、ア
ベイラビリティゾーン、インスタンスタイプごとに独立していますので、例え
ば東京リージョンのap-northeast-1aのm7g.2xlargeのスポットプールに空
き容量はなくても、東京リージョンのap-northeast-1aのm7g.xlargeはスポ
ットプールに空き容量があれば立ち上げることができるといったことがありま
す。

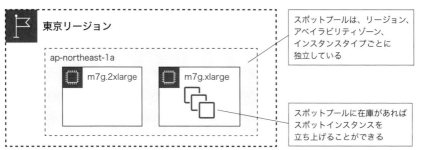

東京リージョン

スポットプールは、リージョン、
アベイラビリティゾーン、
インスタンスタイプごとに
独立している

ap-northeast-1a

m7g.2xlarge　　m7g.xlarge

スポットプールに在庫があれば
スポットインスタンスを
立ち上げることができる

　価格はスポットプールの需要と供給によって決まり、オンデマンドと比較し
最大90%の割引料金で利用可能です。また、注意点としてスポットプールに
空きがあれば提供されるインスタンスなので、需要が高まればインスタンスは
中断してしまう恐れがあります。検証や開発に使う環境で、インスタンスが中
断してもサービス提供者に影響がないような環境や、冗長構成の中で一部のイ
ンスタンスが落ちても処理を継続可能なところで活用することに向いていま
す。

リザーブドインスタンス/Savings Plans

　リザーブドインスタンスとSavings Plansはどちらも一定期間の使用を前
提とした前払い購入オプションです。長期的な利用を見込める際には活用する
と割引価格のインスタンスを使用することができます。

　リザーブドインスタンスは1年または3年の期間で予約するもので、事前に
適用するインスタンスのスペックを指定する必要があります。購入時にスコー
プを選択することができ、リージョンかアベイラビリティゾーンを指定できま
す。リージョン指定の場合はどのアベイラビリティゾーンに対象のAmazon
EC2（以降、EC2）を配置しても割引の対象になります。ただし、アカウント

全体に適用するといった購入指定はできませんのでご注意ください。EC2以外にもAmazon RDSやAmazon OpenSearch Serviceといったサービスでも購入できますが、AWS FargateやAWS Lambdaといったサービスでは適用できません。

　Savings Plansは1年間または3年間の期間はリザーブドインスタンスと同じなのですが、1時間あたりの利用費（米ドル）をコミットすることで、その利用費に合わせて割引が適用されます。例えば1時間あたり20米ドルをコミットすると20米ドルまではSavings Plansの割引が適用され、それ以降はオンデマンドインスタンスの価格になります。リザーブドインスタンスでは、特定のインスタンスを指定しますが、Savings Plansはリソースの使用量を指定するので、より柔軟であるといった表現がされることがあります。対象のサービスはEC2、AWS Fargate、AWS Lambda、Amazon SageMakerです。

　両者とも長期的に利用することが決まっているリソースに対して適用するのが良いでしょう。例えば最低4台のリソースで稼働するシステムがあって、需要によって台数が8台までスケールするような場合は、最低4台をリザーブドインスタンスかSavings Plansで割引を適用しておき、後のスケールする可能性のある4台についてはオンデマンドインスタンスにしておくといった利用でコストの削減が行えます。

キャパシティの予約

　EC2インスタンスを起動した際、稀に指定したインスタンスタイプのリソースがAWS基盤上でキャパシティ不足になっておりインスタンスを起動できないエラーが発生することがあります。少し時間を開けると解消することもありますが、もしシステムの要件としてこれを受け入れられない場合には**オンデマンドキャパシティ予約**というものがあります。オンデマンドキャパシティ予約を設定することでキャパシティを予約しておくことができます。詳しくはこちらのブログを参照ください。

https://dev.classmethod.jp/articles/ec2-insufficient-instance-capacity-and-ec2-capacity-reservations/

Check!

☑ オンデマンドインスタンスは定価で安定稼働を期待できる

☑ スポットインスタンスはスポットプールのキャパシティがなくなると中断する恐れがあるが割引価格で利用することができる

☑ リザーブドインスタンスは1年間または3年間の期間の前払いを前提に割引価格で利用することができる

☑ Savings Plansは1年間または3年間の期間で時間あたりのコミット分の前払いを前提に割引価格で利用することができる

Column!

リザーブドインスタンスで購入した
インスタンスタイプ以外にも割引が適用された!?

リザーブドインスタンスを購入する際にインスタンスを指定するのですが、リザーブドインスタンスには**インスタンスサイズの柔軟性**と呼ばれる特性があります。これは購入時指定したインスタンスタイプとファミリー、世代、および属性が同一のインスタンスであれば、そちらに割引が適用される可能性があります。サイズの小さいインスタンスから大きいインスタンスへと正規化係数に基づいて適用されます。

AWSからの請求明細をみて「リザーブドインスタンスの割引が適用されてない/された!?」と思った時にはこの特徴を思い出してみてください。詳しくは以下のブログも参照下さい。

https://dev.classmethod.jp/articles/instance_size_
flexibility/

データ転送料金

- **データ転送量はインターネットへの通信、リージョン間での通信、アベイラビリティゾーンを跨ぐ通信で料金が異なります。料金がかかるポイントとかからないポイントを押さえましょう。**

　AWSでは僅かではありますがデータ転送による料金も発生します。EC2を起点に説明しますと、インターネットからEC2へのインバウンド通信には費用は発生しません。アウトバウンド通信時には、インターネット向けと他のAWSリージョン向けで費用が異なります。インターネット向けは月の最初の10TBまでは0.114米ドル/GBで、他のAWSリージョンに向けては一律0.09米ドル/GBです。なお、Amazon Cloudfrontに向けたデータ転送はアウトバウンドであっても無料です。月の最初の100GBまでは無料利用枠[注1]で費用が発生せず利用できます。

　同一リージョン内でのデータ転送でも料金が発生するケースがあります。よくあるケースですとアベイラビリティゾーン間の通信です。東京リージョンですとap-northeast-1aからap-northeast-1cへの通信などですね。費用はインバウンド、アウトバウンド共に0.01米ドル/GBです。リージョンによって費用が異なります。このデータ転送費用は他のAWSリソースでも同様です。例えばEC2インスタンスから異なるアベイラビリティゾーンに存在するAmazon RDSのインスタンスへ通信を行うと紹介したアベイラビリティゾーン間の通信費用が発生します。なお同一アベイラビリティゾーン内での通信には費用がかかりません。

　その他の情報、詳細については以下のページを参照ください。

https://aws.amazon.com/jp/ec2/pricing/on-demand/

○で囲んだEC2インスタンスから見たデータ転送料金

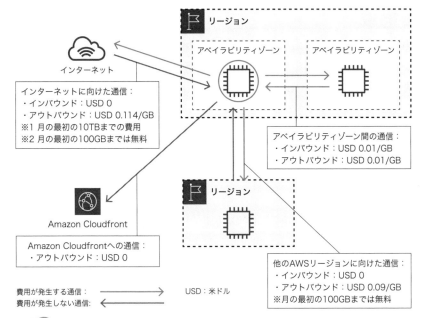

04

AWSの管理

☑ **インターネットへのデータ転送ではアウトバウンド時に料金がかかる**

☑ **Amazon Cloudfrontへのデータ転送には料金が発生しない**

☑ **リージョン間の通信ではアウトバウンド時に料金がかかる**

☑ **アベイラビリティゾーン間の通信ではインバウンドとアウトバウンド、共に料金が発生する**

注1　AWSには無料利用枠といって、一部のサービスを無料で使うことができる枠があります。種類は100を超えており、データ転送料金だけではなく、リソースが無料になるものもあります。非常にお得な枠なのでぜひご活用ください。
https://aws.amazon.com/jp/free

AWSの使用状況確認と料金管理

- **AWS利用料金の確認方法としてはBilling and Cost Managementコンソールから月額料金を表示する方法があります。AWSの利用状況を知りたい場合にはAWS Cost and Usage Reportを使用し、料金管理を行うにはコスト配分タグが有効です。**

AWS利用料金の確認はBilling and Cost Managementコンソールから月額料金を表示することで確認することができます。表示方法は以下の公式ページを参照ください。

https://docs.aws.amazon.com/ja_jp/awsaccountbilling/
latest/aboutv2/getting-viewing-bill.html

ただ、請求情報のみでは詳しいAWSの利用状況を把握することはできません。包括的なコストと使用状況データを確認するためには**AWS Cost and Usage Report**を使用します。最初は有効化されていないため、以下のページを参考に有効化を設定します。

https://docs.aws.amazon.com/ja_jp/cur/latest/userguide/
cur-create.html

有効化されるとAmazon S3バケットへレポートが配信されて、少なくとも24時間に1回更新されます。表示する際には以下のページを参照ください。

https://docs.aws.amazon.com/ja_jp/cur/latest/userguide/
view-cur.html

料金管理の方法として有効なのが**コスト配分タグ**です。AWSのリソースにタグを付けることで料金を把握しやすくなります。例えば、アカウントの中に開発用、検証用といった環境があったとしてそれぞれにタグを付与しておくと環境ごとにかかった料金を追跡しやすくなります。コスト配分タグはAWSが

生成するタグとユーザー定義タグの2種類があります。

Check!

☑ AWS月額料金を表示するにはBilling and Cost Managementコンソールから確認する

☑ AWS Cost and Usage ReportはAWSの利用状況とご利用料金情報を提供する最も細かく最も包括的なレポート

☑ コスト配分タグはリソースをタグ付けしタグ毎にコストを把握できるようにするためのサービス

Column!

環境ってどんな種類があるの？

ほとんどのシステムにおいて、ユーザーが実際に利用する環境とは別の環境が用意されています。システムの開発フローや要件によって様々な環境が用意されますが、いくつか代表的なものをご紹介します。

●本番環境

実際にサービスを提供してユーザーが利用する環境です。サービス＝製品（Product）を提供しているのでプロダクト環境と言われることもあります。

●開発環境

本番環境で動作しているアプリケーションに対して何か新規機能を追加したいときに、その開発した機能が問題なく動作するかを確認する環境です。

●検証環境

開発環境で作ったものをサービスとして公開して問題ないかを検証する環境です。結合テストやE2Eテスト、負荷テストなどが行われます。開発環境よりも本番環境相当として用意しておくことが多く、データについても本番環境のデータと同じものを使用することもあります。

もし新規サービス開発などで、用意する環境の種類に悩んだら本コラムの内容を参考にしてください。

AWS料金管理に役立つサービス紹介

- **AWS料金の予算を上回った際の通知にはAWS Budgetsというサービスが便利です。AWS料金の分析にはAWS Cost Explorerというサービスを活用します。**

　料金の確認を都度行うのは煩雑ですし、確認するペースによっては気が付かない内に料金が膨れてしまい手遅れになってしまうリスクもあります。また分析を行う際にはどのサービスにどのくらい料金がかかっているかなど可視化した方がやりやすくなります。そこでAWSではそういった料金管理を助けるためのサービスを提供していますのでここでご紹介します。

AWS Budgets

　AWSでは思わぬコストが発生してしまうことがあります。例えばユーザーからのリクエストやサーバの負荷に応じて台数を増やすような設定をしていた場合には当初の計画とは異なる料金になることがあり得ます。そうしたときに役立つのが**AWS Budgets**です。様々な機能があるのですが、予算の閾値を超えた時に**Amazon Simple Notification Service（以降、Amazon SNS）**というサービスを設定し通知を設定することができます。Amazon SNSは様々な機能がありますが、他のサービスでもこういった通知の仕組みを実現する際によく使われるのでここで覚えておきましょう。

　設定した料金超過をslackに通知したり、LINEに送っている事例のブログがありますのでご紹介します。

https://dev.classmethod.jp/articles/aws-budgets-alert-by-aws-chatbot/

https://dev.classmethod.jp/articles/aws-budgets-line/

AWS Cost Explorer

AWSの料金を適切に管理、分析するためには可視化が必要です。**AWS Cost Explorer**ではどのサービスにどのくらい料金がかかっているかといった情報をグラフとして表示しますので管理がしやすくなります。過去13ヶ月までのデータを取得し次の12ヶ月間のコストを予測するといった機能もあります[注2]。AWSの予算管理には定期的なモニタリングと分析が不可欠です。Cost Explorerは基本的な機能なら無料で利用可能なのでぜひ活用を検討しましょう。

料金管理にも使えるAWS Organizationsの紹介

Point!

■ **AWS Organizationsは料金管理の面でもかなり有用なサービスです。どのように使用することで料金を下げることができるのかを押さえておきましょう。**

AWS Organizationsとは複数のAWSアカウントを一元管理するサービスです。AWSでは環境やシステムといった目的ごとにアカウントを分離することを推奨しています[注3]。そのため大きな組織ではアカウントの数は増え、管理のためにガバナンスやアカウントごとの請求をまとめる必要が出てきます。AWS OrganizationsはAWSアカウントを一元的に管理し、アカウントもし

注2　2023年11月にAWS Cost Explorerはより詳細な履歴データを提供するアップデートがありました。新しい情報なのでクラウドプラクティショナーの試験には反映されないかもしれませんが、実務では役立つはずなので確認しておきましょう。
　　　https://aws.amazon.com/jp/about-aws/whats-new/2023/11/
　　　aws-cost-explorer-provides-historical-granular-data/

注3　AWSアカウントの管理と分離
　　　https://docs.aws.amazon.com/ja_jp/wellarchitected/latest/
　　　security-pillar/aws-account-management-and-separation.html

くは組織単位でポリシーを設定したりして使えるサービスに制限をかけたり、請求を一括でまとめたりすることができます。請求を一括でまとめることを **Consolidated Biling（コンソリデーティッドビリング）** と呼びます。

　AWS Organizationsの一括請求を使うことによって組織内の複数アカウントを1つのアカウントであるかのように扱います。それにより、リザーブドインスタンスやSavings Plansの割引を購入アカウント以外にも適用することができます。また、一部のサービスでは利用するほど料金が安くなるサービスがあります。例えばAmazon S3だと月毎の保存するデータ量が多くなるほ料金が下がっていきます。こうした一括請求の請求をまとめる以外のメリットも覚えておきましょう。

https://aws.amazon.com/jp/s3/pricing/

　ちなみに複数アカウントの請求周りで関連するサービスで、AWS Billing Conductorというものがあります。複数のアカウントをグループ化することで、全体の集計画面を表示することができます。これによりコストと使用量を確認できます。詳しくは以下の公式ページをご確認ください。

https://docs.aws.amazon.com/ja_jp/billingconductor/
latest/userguide/what-is-billingconductor.html

☑ AWS Budgetsは予算の閾値を設定し、超過した際には通知（アラート）することができる

☑ Amazon SNSは様々な機能があるが、他のサービスでも通知の仕組みで用いられることが多い

☑ AWS Cost ExplorerはAWSの料金を適切に管理、分析するために可視化して表示するサービス

☑ AWS Organizationsとは複数のAWSアカウントを一元管理するサービス

☑ AWS Organizationsの一括請求を使うことでリザーブドインスタンスやSavings Plansの割引を複数アカウントで共有したり、ボリュームディスカウントを受けることができる

AWS料金回りで活用できるツールやテクニック

Point!

- **AWS Pricing CalculatorはAWS公式の利用料金見積もりツールです。他にも見積もりが行えるツールはありますが、ビジネスで見積もりする際には必ず公式のものを使いましょう。AWS上で立ち上げるリソースの中にはライセンスが必要なものがあり、自分でライセンスを持ち込むのをBYOLと呼びます。それに対し、AWSからライセンスを供与してもらって立ち上げるモデルのことをライセンス込みモデルと呼びます。適切なサイジングとは可能な限り低いコストでサービスを提供するため必要な要件にマッチさせることを指します。**

AWSの料金見積もりに活用可能なAWS Pricing Calculator

AWSの利用料金がどのくらいになるのかを利用前に知りたいケースで役立つのが**AWS Pricing Calculator**です。ブラウザから操作し、各サービスの

利用料見積もりを無料ですぐに作成できます。ただし正規の見積もりではなく、あくまで参考程度の情報であることには注意しましょう（実際に利用した際のデータ量や通信費の予測はかなり困難かと思います）。

　AWSの利用費を見積もるツールは他にも有志の方が開発したものがありますが、筆者は一番信用できるのはAWSが公式で提供しているAWS Pricing Calculatorであると強く推奨します。AWSはサービスのリリースも多い上、料金の改訂も多いので公式以外では追従が困難だと考えるためです。ビジネスでAWSの利用費を見積もる必要がある際には必ずこちらを使用しましょう。

　https://calculator.aws/#/

ライセンス戦略

　AWS上で立ち上げるリソースの中にはライセンスが必要なものがあります。よくあるケースですと、RDSのAmazon RDS for OracleやAmazon RDS for SQL Serverといったケースです。これらのライセンス自体はAWS外でも使用できますので既にオンプレミス等で運用をしていた場合にはライセンスを所持しているケースもあり得ます。そういった時にはライセンスのみをAWSに持ち込み、ソフトウェアやサーバの起動やパッチ適用をAWSに任せるということもできます。これを**BYOL（Bring Your Own License）**と呼びます。またライセンスを所持しなくてもAWS上でそれらのリソースを起動させることはできますが、実態としてはAWSがライセンスを購入し提供している格好になりますのでBYOLと比較しややコストが上がります。これを**ライセンス込みモデル**と呼びます。

適切なサイジング

　適切なサイジングとは、可能な限り低いコストでサービスを提供するため必要な要件にマッチさせることです。EC2やS3、RDSといったサービスはさまざまなインスタンスの種類やストレージのオプションがあります。これらをユーザーに充分なサービスを提供するために最適化するのが適切なサイジングで

す。

　具体的な進め方としては、ユーザーにサービスを問題なく提供できていることを確認しつつ[注4]、2週間〜1ヶ月程度にわたりリソースの状態をチェックしましょう。vCPU使用率、メモリ使用率、ネットワーク使用率等の数値が参考になります。これには本書「AWSの管理」監視・監査でご紹介したAmazon CloudWatchを使います。またコストを分析することも大切です。システムを運用していく上で主にコストがかかっているところが分かれば効率的な調査が行えますし効果的なコスト削減につながります。コストを分析する上では先述したAWS Cost Explorerが活用できます。本書「AWSの管理」セキュリティでご紹介したAWS Trusted Advisorも今回のケースで活用できます。AWS Trusted Advisorはセキュリティ関係のチェックも行ってくれるのですが、あまり使用されていない、もしくは使用されていないリソースの発見なども行ってくれます。

　適切なサイジングはAWSのホワイトペーパーとしても用意されていますのでぜひそちらも参考にして下さい。特に何を持って最適とするかの定義は非常に難しく状況によって異なるのですが、それを考えるためのヒントをまとめてありますので、そういった情報が非常に参考になります。

Check!

☑ AWS Pricing CalculatorはAWS公式の利用料金見積もりツール

☑ ライセンスを自前で持ち込むのがBYOL

☑ ライセンスをAWSから供与して立ち上げるリソースがライセンス込みモデル

☑ 適切なサイジングとは可能な限り低いコストでサービスを提供するため必要な要件にマッチさせることを指す

注4　https://docs.aws.amazon.com/ja_jp/whitepapers/latest/cost-optimization-right-sizing/cost-optimization-right-sizing.html

サポート活用

- **AWSにおいて不明点や過去の知見を知りたいときには公式資料を頼る。公式資料では解決の難しいトラブルシューティングなどはAWSサポートを頼る。**

AWS公式資料

AWSでは公式の参考資料をいくつか用意しています。それぞれご紹介します。

AWSホワイトペーパーと技術ガイド

AWSホワイトペーパーと技術ガイドはAWSとAWSコミュニティによって作成された技術資料です。Webサイト上で技術カテゴリや業種、ビジネスカテゴリを選択し検索が行えます。後述するWell-Architectedフレームワークやクラウド導入フレームワーク（CAF）の詳細資料もここにまとめられています。

https://aws.amazon.com/jp/whitepapers/

AWSブログ

AWSが公式で出しているブログです。最新アップデートの詳細情報やAWSのサービス活用例などが執筆されます。

https://aws.amazon.com/jp/blogs/news/

AWS規範ガイダンス (Prescriptive Guidance)

　AWSで実績のあるドキュメントを提供しているガイダンスです。移行戦略やベストプラクティス集、実践的な活用のパターンなど多くのドキュメントが紹介されています。AWSの案件に携わることがあれば、ぜひ似た事例を探してみると良いでしょう。

　https://aws.amazon.com/jp/prescriptive-guidance

　以下のブログも参考になります。

　https://dev.classmethod.jp/articles/introduce-aws-prescriptive-guidance/

AWSナレッジセンター

　AWSに頻繁に寄せられる質問や要望を紹介がナレッジとして掲載されているWebサイトです。本書「AWSとは」の章でもご紹介させていただいたAWS re:Postの配下にあり、コミュニティ上に寄せられたコミュニケーションから成り立っていますので実践的なナレッジがまとまっています。

　https://repost.aws/ja/knowledge-center

AWSサポート

　他の多くのインターネットサービスと同様でAWSにもサポートがあります。運用していく中で直面する技術的な問題に関してAWSの技術サポートエンジニアが支援をしてくれます。いくつかプランがありますが、ベーシックプランであればどのユーザーにも無料で付帯してきます。その他のプランについては次ページの通りです。

プラン名	サポート内容
デベロッパー	すべてのAWS製品、機能、およびサービスの使い方の案内を行う。サポートに対して営業時間内の問い合わせが可能。一般的な問い合わせへの対応時間は24営業時間以内、システム障害の問い合わせへの対応時間は12営業時間以内となっている。 https://aws.amazon.com/jp/premiumsupport/plans/developers/
ビジネス	ユースケースにおいてどのAWS製品、機能、およびサービスを使用すればよいかのサポート。年中無休の電話、チャット、Webでの問い合わせが可能で、一般的な問い合わせへの応答時間は24時間未満、本番システムがダウンした場合は1時間未満でサポートが提供される。 https://aws.amazon.com/jp/premiumsupport/plans/business/
Enterprise On-Ramp	特定のユースケースとアプリケーションをサポート。サポートチームにはテクニカルアカウントマネージャーが含まれている。年中無休の電話、チャット、Webでの問い合わせが可能で、一般的な問い合わせは24時間未満、システム障害の場合は12時間未満、本番稼働用システムの障害の場合は4時間未満、本番稼働用システムがダウンした場合は1時間未満、ビジネスクリティカルなシステムがダウンした場合は30分未満でサポートが提供される。 https://aws.amazon.com/jp/premiumsupport/plans/enterprise-onramp/
エンタープライズ	特定のユースケースとアプリケーションをサポート。サポートチームにはテクニカルアカウントマネージャー1名が含まれており、AWSソリューションアーキテクトに問い合わせることも可能。年中無休の電話、チャット、Webでの問い合わせが可能で、一般的な問い合わせは24時間以内、システム障害の場合は12時間以内、本番システムの障害の場合は4時間以内、本番システム停止の場合は1時間以内、ビジネスに不可欠なシステム停止の場合は15分以内にサポートが提供される。 https://aws.amazon.com/jp/premiumsupport/plans/enterprise/

左記は執筆現在のサポート内容ですので詳細は以下のAWSサポートFAQを参照ください。

https://aws.amazon.com/jp/premiumsupport/faqs/

　また、料金については以下の公式ページより最新の情報をチェックしてください。

https://aws.amazon.com/jp/premiumsupport/pricing/

サポート内容

　サポートしてもらえる内容はAWSのサービスや機能に関する質問、AWSのリソース操作やそれに伴う問題のトラブルシューティング、AWSクラウド上にアプリケーションを展開し、管理していくためのベストプラクティスなど、AWSのリソースに対する相談が行えます。

　一方で、カスタムソフトウェアやアプリケーションそのもの（トラブル、デバッグ、コード開発など）の質問や、AWSを利用するユーザーが管理するアカウントやシステムへのアクセス制御といった問題についてはサポート対象外です。AWSのサポートへ問い合わせを行う際にはガイドラインがありますので一読の上、問い合わせを行うようにしましょう。ガイドラインに則った質問を行うことで問題の早期解決が期待できます。

https://aws.amazon.com/jp/premiumsupport/tech-support-guidelines/

　またエンタープライズクラウドの導入においては専門家からなるグローバルチームから支援を受けることができるAWSプロフェッショナルサービスというものもあります。

https://aws.amazon.com/jp/professional-services/

サービスクォータ

　AWSには各サービスに上限値が設けられていることがあり、この制限に差し掛かると新しくリソースの作成等が行えなくなるというものがあります。例えばリージョンにおいてVPCを作成できる上限は5個までです。もしこれ以上のリソースを作成したい場合には**Service Quotas**というところから上限の緩和申請を行います。一部Service Quotasで対応できていないリソースに関する上限の緩和申請を行いたい場合にはサポートより問い合わせを行います。無料のベーシックプランであってもクォータ（制限）の緩和についてはサポート対象です。詳しくは以下の公式ドキュメントも参照ください。

https://docs.aws.amazon.com/ja_jp/general/latest/gr/
aws_service_limits.html

☑ AWS公式資料にはAWSホワイトペーパーと技術ガイド、AWSブログ、AWS規範ガイダンス（Prescriptive Guidance）、AWSナレッジセンターがあり、それぞれ提供している情報に特徴がある

☑ AWSサポートにはプランがあり、サポート内容が異なる

☑ AWSサポートはAWSのリソースに対するサポートが対象であり、AWSに持ち込むユーザーのアプリケーションについてはサポート対象外となる

☑ サービスによっては上限値が設けられており、これをサービスクォータと呼ぶ

AWSの計画と活用

- 責任共有モデル
- クラウドの導入と計画
- クラウドの活用

責任共有モデル

Point!

■ **責任共有モデルはAWSクラウド上に構築したシステム（インターネットサービスなど）に対してAWSとAWSを利用するユーザーで責任の境界線をはっきりさせるものです。**

　AWSを導入してもインターネットサービスがすぐに利用可能になり、ビジネスに活用できるということはありません。AWSを活用することでハードウェアやネットワーク機器の用意は不要になりますが、実際に処理を行うアプリケーションは別途開発する必要があります。このようにAWSに任せることができる領域と、自社でやらなくてはいけない領域が分かれている以上、責任の所在も分かれます。ただ、インターネットサービスを利用するユーザーから見ると問題が発生した場合、責任の所在はAWSではなく「インターネットサービスの提供元」にあります。インターネットサービスで発生し得るトラブルの責任はAWSを活用しているサービス提供者とAWSで共有しているものの、その所在は異なるので分かりやすく明確にしておこうとなったのがこの**責任共有モデル**です。

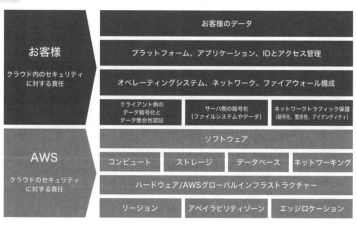

AWSの責任範囲はサービスを実行するために必要なハードウェア、ソフトウェア、ネットワークが基本になります。EC2を例に上げると、オンデマンドによる通常利用であればEC2インスタンス（ゲストOS）1台に対しハードウェア（ホストOS）1つが丸々貸し出されるわけではありません。ハードウェアの上に複数のインスタンス（仮想マシン）があり、これをお客様（ここではAWSの利用者とします）に払い出しています。このインスタンスを起動するために必要となるハードウェアや、インスタンスの基本セットアップ（OSやミドルウェア）、ハードウェア上でインスタンスを立ち上げるためのソフトウェア、外部ネットワークに接続するためのネットワークなどがAWSの責任範囲になります。また、それらを収容している施設（データセンタ）も責任範囲です。データセンタの場所は、災害の少ない地域を慎重に見極めて選定しており、そのデータセンタの中ではサーバやその他のハードウェアが常に正常に動作できるように適切な運用温度を保っています。物理的、電子的にも侵入されることがないように万全のセキュリティ対策も行なっています。具体的なAWSの取り組みについては以下のページも参照ください。

データセンター - AWSのコントロール

https://aws.amazon.com/jp/compliance/data-center/controls/

　AWSの利用者の責任範囲としては、先述したAWSの責任範囲によって保護された基盤以外に構成された全てになります。例えばインターネットサービスの提供にあたって必要なアプリケーションやEC2などのコンピューティングリソースの脆弱性管理、ネットワーク通信の暗号化や情報を保存するストレージの暗号化、IAMを用いた適切な権限管理や発行したアカウントの管理などが該当します。

　少し難しいポイントとしてはAWSのリソースによって責任の範囲が異なるものがあります。本書「AWSサービス紹介」で紹介したコンピューティングを思い出していただきたいのですが、AWS Fargateというマネージドなサービスがありました。こちらは仮想マシンとDockerを合わせて提供するマネージドサービスでした。AWS Fargateでは仮想マシンが立ち上がることはサービ

スの一環になりますので仮想マシンは AWS の責任になります。一方で EC2 イ
ンスタンスの場合は EC2 インスタンスを生成するまでが AWS の責任になりま
すので、仮想マシン（EC2 インスタンス）のミドルウェア設定、脆弱性の修正
は AWS 利用者の責任になります。

責任共有モデル ｜ AWS
https://aws.amazon.com/jp/compliance/shared-
responsibility-model/

　この責任モデルからも分かる通り、マネージドサービスを利用すると基盤側
ソフトウェアのアップデート、セキュリティ対策、障害復旧など AWS に任せ
ることができ、AWS 利用者の負担は減ります。そのぶん AWS 利用者は本来
やりたかったインターネットサービスの開発に集中することができます。今後、
AWS の設計を行う中でサービスの選定をすることが多々あるかと思いますが、
なるべくマネージドサービスを取り入れるようにしましょう。

☑ 責任共有モデルとは、責任の所在を分かりやすく明確にしておくもの

☑ AWS の責任範囲としては AWS のサービス（リソース）を実行するために必
要なハードウェア、ソフトウェア、ネットワークなどが挙げられる

☑ AWS の利用者の責任範囲は保護された基盤上に構成されたアプリケーショ
ンや EC2 などのコンピューティングリソースの脆弱性管理、各種暗号化、
IAM を用いた適切な権限管理が挙げられる

クラウドの導入と計画

Point!

■ クラウドの導入をするのは必ずしも新規の場合とは限りません。既にオンプレミスで稼働しているシステムがあった場合、半分だけクラウドに載せるというのも選択肢になります（デプロイモデルのハイブリッド）。そのようなケースで便利なサービスとして AWS Outposts や AWS Migration Hub、AWS Snow ファミリーがあります。また、悩みがちなクラウド導入のフレームワークとして AWS クラウド導入フレームワーク（AWS CAF）を紹介します。

デプロイモデル

インターネットサービスを提供するという目的を実現するために基盤となるインフラ環境を全てをクラウドサービス上だけで実現する必要はありません。インターネットサービスを提供する Web アプリケーションを配置し利用可能な状態にすることを**デプロイ**と呼びます。以下のそれぞれにデプロイするモデルを考えてみましょう。

- ●**クラウド**
- ●**オンプレミス**
- ●**ハイブリッド**

クラウドモデル

クラウドサービスに Web アプリケーションをデプロイするモデルです。クラウドサービスのメリットを最大限享受することができますが、既にオンプレミスで稼働しているシステムを持っていた場合には完全な移行は難しい場合があります。

オンプレミスモデル

ハードウェアやネットワーク機器を調達したオンプレミス上で構築した基盤にWebアプリケーションをデプロイするモデルです。最近ではOpenStackやKubernetesといった仮想化ツールを使用して専用のクラウド環境を構築することが多いです。これを**プライベートクラウド**と呼びます。

ハイブリッドモデル

ハイブリッドは文字通り、Webアプリケーションのためにクラウドサービスとオンプレミスの両方を使用するモデルです。オンプレミスから全ての資産を移行しなくて済むので既にオンプレミスで稼働しているシステムを持っていた場合にはこのモデルが採用されることがあります。

既存オンプレミスシステムからクラウドを使う時に役立つサービス紹介

AWS Outposts

先述のデプロイモデルを考える上で合わせて知っておきたいサービスがこの**AWS Outposts**です。AWS Outpostsはオンプレミス環境にAWSのサーバを設置してオンプレミスからAWSのサービスが利用できるようになるというものです。オンプレミスのシステムをクラウド移行する際の検討事項としてデータを外出しできない、クラウドサービスとオンプレミスが高速通信できず提供しているインターネットサービスに影響が出るといったケースに活用できます。

AWS Outpostsは責任共有モデルの「AWSサービスを実行するハードウェアおよびソフトウェアに対する責任を負う」に該当しているため、AWS Outpostsのサーバにハードウェア的な故障があったり、AWS OutpostsでAWSサービスを立ち上げるために必要なソフトウェアのセキュリティ管理はAWSに任せることができます。

AWS Migration Hub

　既存オンプレミスシステム等をクラウドに移行する際には現行のシステム情報を収集し計画を立ててから実際に移行を実行する必要があります。その時に活用したいサービスが**AWS Migration Hub**です。こちらは移行のために必要な情報を集約してダッシュボードに表示するサービスです。AWS Migration Hub は **AWS Application Discovery Service** や **AWS Application Migration Service**といったサービスと統合されており、移行のために必要な情報を収集し表示したり、実際の移行状況を表示し、移行の管理を助けてくれるサービスです。

　AWS Application Discovery Serviceは、既存オンプレミス等で稼働中のシステム情報を収集するサービスです。収集する情報にサーバのホスト名やIPアドレス、CPU、メモリ、ディスクの使用率などの情報があります。

　AWS Application Migration Serviceは既存オンプレミス環境からネットワークを経由しサーバをAWSへ転送するサービスです。移行元のサーバをAWSで実行できるように自動で変換してくれます。移行の際にアプリケーションやアーキテクチャは変更されません。

　なお、本書「AWSサービス紹介」のデータベースで紹介したAWS Database Migration Service も AWS Migration Hubに統合されています。

AWS Snowball

　既存オンプレミスシステムからクラウドへデータを移行する際に基本的にはネットワーク経由で行うことがほとんどですが、量が多くなると難しくなるケースもありますし保存状況によってはネットワーク経由で取り出して移行ができないケースもあり得ます。そこでAWSでは物理デバイスを使ってデータを転送するサービスがあります。**AWS Snowball**はその中の一つです。AWSから配送された物理デバイスに自社のデータをコピーしてAWSに返送することでクラウドにデータを取り込むことができます。デバイスはSnowball Edgeデバイスという呼び方をします。Snowball Edgeデバイスには大規模データ移行向けの**Snowball Edge Storage Optimized**デバイスと分析や機械学習が可能なコンピューティング機能を搭載した**Snowball Edge**

Compute Optimizedがあります。他にもより小型なAWS Snowconeなど
があり、総称して**AWS Snowファミリー**と呼ばれます。それぞれの特徴や詳
しい性能の違いについては公式ドキュメントを参照下さい。

https://aws.amazon.com/jp/snow/

AWSクラウド導入フレームワーク（AWS CAF）

　クラウドの導入にあたっては検討することが多く、何から手をつけるべきか
悩むところが多いです。また、単純に導入しただけでは本来やりたかったビジ
ネス活用に繋がらないケースも多く継続的な改善も必要になります。そこで
AWSでは、これまでの経験とベストプラクティスを元に、クラウドを導入し
改善するために役立つフレームワークとして**AWSクラウド導入フレームワー
ク（AWS CAF）**と呼ばれるものを用意しました。CAFとはCloud Adoption
Frameworkの略です。以降、本書ではAWS CAFと表記します。AWS CAF
はクラウドの革新に伴ってバージョンアップがされており、本書執筆現在は
3.0が最新です。本書でもこの3.0に書かれている内容に沿って解説します。
全体図としてはこちらです。まずは全体図の概要を紹介します。

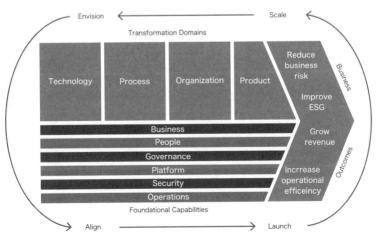

Transformation Domains（トランスフォーメーション）はクラウド導入を進める段階、Foundational Capabilities（パースペクティブ）はクラウド導入に関係する事柄の段階、全体を囲む楕円形（クラウドトランスフォーメーションジャーニー）は導入を進めるためのサイクルを表現しています。現場レベルでは検討にあたり、関係する事柄を整理するところから手を付けることが多いです。このあとの解説にある事柄を表すパースペクティブの表のうち、「重点を置く責務」列をきちんと理解しておき、他についてはどんな項目があるのかの概要を読んでおくとよいでしょう。それでは順番に解説していきます。

Transformation Domainsと書かれた下にある、Technology（テクノロジー）、Process（プロセス）、Organization（組織）、Product（製品）は**トランスフォーメーション**と呼ばれ、左から右へ順番に進めていくことでBusiness Outcomes（ビジネスの成果）が加速していくことを表しており、その結果が一番右側にあるReduce business risk（ビジネスリスクの低減）、Improve ESG（ESG（環境、社会、ガバナンス）のパフォーマンスの向上）、Grow revenue（収益の増加）、Increase operational efficiency（オペレーションの効率の向上）につながっていくことを表しています。トランスフォーメーションの詳細は以下の通りです。

トランスフォーメーション	内容
Technology（テクノロジー）	まずアプリケーションやデータ分析の基盤にクラウドの機能を活用することを目指します。
Process（プロセス）	クラウド基盤活用に自動化や最適化を組み込むことで運用の効率化を目指していきます。本書「AWSサービス紹介」で紹介した機械学習のサービスを活用することによりビジネス予測や不正行為の検出や防止といった分野を改善することも含まれます。
Organization（組織）	提供する製品のビジネスを考えるビジネスチームと、クラウドの運用や開発を行うテクノロジーチームが一緒になって戦略を考え、より良いサービスを作るため改善を目指します。
Product（製品）	新規顧客の獲得や新規市場への参入を狙って、最終的に顧客に届ける価値（製品やサービス）と、その収益モデルをこれまでの改善を踏まえて改めて考えることを目指します。

続いてFoundational Capabilitiesの上にある、Business（ビジネス）、People（人員）、Governance（ガバナンス）、Platform（プラットフォーム）、Security（セキュリティ）、Operations（オペレーション）は、**パースペクティ**

ブと呼ばれ、先ほど紹介したトランスフォーメーションを実現するための基本的な機能を指します。それぞれのパースペクティブはステークホルダー（関係者）と重点を置く責務がセットになっています。

パースペクティブ	一般的なステークホルダー	重点を置く責務
Business （ビジネス）	CEO、CFO、COO、CIO、CTO	クラウドへの投資がデジタル活用とビジネスの成果を確実に加速させることを目指します。
People （人員）	CIO、COO、CTO、クラウドディレクター、複数部門にわたるリーダー、エンタープライズ全体のリーダー	文化、組織構造、リーダーシップなどに焦点を当てて、メンバー（社員など）が継続的に成長、学習し、変化が当たり前になるような文化へと組織が進化することを目指します。
Governance （ガバナンス）	最高トランスフォーメーション責任者、CIO、CTO、CFO、CDO、CRO	トランスフォーメーションにおけるリスクを最小限に抑えつつ、クラウドの取り組みを推進することを目指します。
Platform （プラットフォーム）	CTO、テクノロジーリーダー、アーキテクト、エンジニア	ハイブリッドモデルのクラウド等を使いつつ、アプリケーションのデプロイの自動化や最新のクラウドテクノロジーの導入を目指します。
Security （セキュリティ）	CISO、CCO、内部監査リーダー、セキュリティアーキテクト、セキュリティエンジニア	データやクラウドワークロード[注1]の機密性、完全性、可用性の実現を目指します。
Operations （オペレーション）	インフラストラクチャおよびオペレーションのリーダー、サイト信頼性エンジニア、ITサービスマネージャー	運用を自動化したり効率化することによりシステムの信頼を上げたり、需要に応じて自動的にスケールすることで提供するサービスを確実に顧客に届けることを目指します。

　トランスフォーメーション、パースペクティブ、ビジネス成果を囲むように描かれている楕円形は**クラウドトランスフォーメーションジャーニー**と呼ば

注1　ワークロードとは、後述するWell-Architected Tool上の定義では「ビジネス価値をもたらすリソースとコード」と紹介されています。つまり何かの処理（例：ECサイトの提供）を実行するコンピューティング等のリソースと処理を行うためのタスクのセットを指す言葉です。
https://docs.aws.amazon.com/ja_jp/wellarchitected/latest/userguide/workloads.html

れ、Envision（構想）、Align（連携）、Launch（ローンチ）、Scale（スケール）の各フェーズを表しています。AWS CAFでは多くのベストプラクティスを1度で完璧に遂行することは難しいので目標と現状のギャップを定めて埋めていき、それを反復的に繰り返す手法を推奨しています。

フェーズ	取り組むこと
Envision（構想）	戦略的なビジネス目標に従って4つのトランスフォーメーションの中で優先度を立てていきます。成果は測定可能な形になるように目標を定め、推進するリーダー（ステークホルダー）も決めていきます。
Align（連携）	ここは構想フェーズで定めた目標について6つのパースペクティブのギャップを識別しステークホルダーと調整します。組織としてクラウド導入に対してできることやできないことを聞き、懸念や課題を洗い出します。これによりクラウドを組織として活用できるようにするための戦略を策定します。
Launch（ローンチ）	ここまでのフェーズで立ててきた計画を実行していき、段階的にビジネス価値を示していきます。
Scale（スケール）	ここまでの実現してきた、クラウドへの投資がビジネスにもたらすメリットを維持したり拡張したりするフェーズです。ここまでの仕組みや価値が継続して実現されるようにします。

本書ではいくつかピックアップして解説をしてきましたが、全体的なホワイトペーパーとしては以下にあります。実用的な資料となっていますのでどんなことが書いてあるかを把握するだけでも参考になると思います。

https://d1.awsstatic.com/whitepapers/ja_JP/aws-cloud-adoption-frameworkja-JP.pdf

- ☑ クラウドへのデプロイモデルとして、全てをクラウド上で運用するクラウドモデルとハードウェアやネットワーク機器を自社で調達するオンプレミスモデルがある。その両方を活用するハイブリッドモデルもある

- ☑ オンプレミス上でAWSのサービスを利用できるようにするのがAWS Outposts

- ☑ 移行のために必要な情報を集約してダッシュボードに表示するサービスがAWS Migration Hub

- ☑ クラウドを導入するためのフレームワークがAWS CAF

- ☑ AWS CAFのビジネスのパースペクティブではクラウドへの投資がデジタル活用とビジネスの成果を確実に加速させることに重点を置いている

- ☑ AWS CAFの人員のパースペクティブでは変化が当たり前になるような文化へと組織が進化することに重点を置いている

- ☑ AWS CAFのガバナンスのパースペクティブではリスクを最小限に抑えつつ、クラウドの取り組みを推進することに重点を置いている

- ☑ AWS CAFのプラットフォームのパースペクティブではデプロイの自動化や最新のクラウドテクノロジーの導入に重点を置いている

- ☑ AWS CAFのセキュリティのパースペクティブではクラウドワークロードの機密性、完全性、可用性の実現に重点を置いている

- ☑ AWS CAFのオペレーションのパースペクティブでは提供するサービスを確実に顧客に届けることに重点を置いている

フレームワークってなんだろう？

　フレームワークという言葉はITの分野だけでなくビジネスの分野でも多く使われています。ITの分野、特にプログラミング等で使われるのはWebフレームワークです。Webページによくあるログインやログアウト、情報の登録や削除といった基本的な機能が予め用意してある枠組みのことを指します。Webフレームワークを使わなくてもWebページないしインターネットサービスはWebプログラミングで作れるのですが、全て自分で用意するのは基本的な機能であっても大変です。プログラミングの設計も、量が嵩むと設計がバラバラになってしまったりということもあります。そこで「基本的な機能は用意してあるからフレームワークの設計に則って呼び出すだけ」としておくことで容易にWebページが作れるようになりますし、設計も整います。

　ビジネスの分野では思考の枠組みで多く使われます。何かビジネスの計画を立てようと思っても何から手をつけたら良いかを整理するのは大変ですし、考慮の抜け漏れも心配になります。抜け漏れなくかつ体系的に思考を整理する枠組みがビジネスの分野におけるフレームワークです。1つ例を挙げるとするとリーンキャンバスが有名です。ビジネスモデルを「顧客の課題」「顧客セグメント」「価値提案」「ソリューション」「チャネル」「収益の流れ」「コスト構造」「主要指標」「圧倒的な優位性」という9つの要素に分解して考えます。詳しい説明は割愛しますが、企画を立てるだけでなく既存ビジネスの分析にも活用できるフレームワークです。

クラウドの活用

AWS Well-Architectedフレームワーク

　実際にクラウドの設計を始めてみると、「今のクラウドシステム設計は果たして最適に設計できているのだろうか」という悩みを多くの方が実感されるかと思います。現在AWSでは200以上のサービスがありますが、実際に用いるのはその中の一握りで、数十サービスも使えば大凡の設計は行えます。多くのサービスのおかげで幅広いクラウドシステムが設計構築できる一方、最適化する作業が難しくなっています。そこでAWSはこれまでの経験や顧客と一緒にシステム設計、運用を考えていく中で模範となる最適解（以下、ベストプラクティス）をまとめました。これが**AWS Well-Architectedフレームワーク**（以下、**Well-Architectedフレームワーク**）です。

　構成としては6つのカテゴリと、そのカテゴリを越えた全体（一般）的な設計原則で構成されています。このカテゴリは、Well-Architectedフレームワークでは**柱**と呼び、「セキュリティ」や「コスト最適化」といったシステム設計を評価する観点となっています。それぞれの柱の中には実現するための**設計原則**と、柱の中の領域を表す**定義**、定義で示された領域ごとにAWSを利用する際に意識すべき点やベストプラクティスを**トピック**としてまとめてあります。全体の構成については以下のブログも大変参考になります。

https://dev.classmethod.jp/articles/aws-well-architected-guide2022/

　本書ではそれぞれの概要を説明していきます。概要を押さえた上で詳細及び最新情報はぜひ公式ドキュメントを参照ください。これまでのAWSのベストプラクティスが詰め込まれているので文章量としては多いのですが、一つ一つ丁寧に認識していくことでシステム設計における考慮漏れを減らすことができます。全てを満たすことは難しいので、ビジネス的な観点や設計するシステムの要件を考慮し判断していくことになるかとは思いますが、理解していて敢え

て設計に取り込まないのと、見落としていて設計に組み込めなかったのではこれからの運用で大きな差が出ます。ぜひチャレンジしてみてください。

AWS Well-Architected Framework - AWS Well-Architected Framework
https://docs.aws.amazon.com/ja_jp/wellarchitected/
latest/framework/welcome.html

一般的な設計原則

クラウド上における適切な設計をするための一般的な原則が箇条書きで書かれています。

- ●キャパシティニーズの推測が不要
- ●本稼働スケールでシステムをテストする
- ●自動化でアーキテクチャ実験を容易にする
- ●発展するアーキテクチャが可能に
- ●データに基づいてアーキテクチャを駆動
- ●ゲームデーを利用して改善する

それぞれ解説していきます。

キャパシティニーズの推測が不要

オンプレミス等でシステム構築の計画を行うと、どのくらいのスペックの機器を用意するか推測する必要がありますが、クラウドではリソースの調達が容易に行えるため事前の予測が不要なのが利点でした。この利点を最大限に活かすため、必要なスペック（キャパシティ）を見極めるための観測を行える設計にし、かつリソースが足りなくなったら自動で拡張（スケール）するような設計にしましょう。

本稼働スケールでシステムをテストする

システムを運用していくと、サービスの新規機能追加など、実際にユーザーが使用する本番環境に変更を加える必要が出てきます。この時、いきなり本番

環境を変更してしまうと何か問題が起こった際にサービスを利用しているユーザーに影響が出てしまいます。こういったリスクを下げるため、クラウド上ではリソースの調達がしやすいというメリットを活かして、本番環境に相当するテスト環境（ステージング環境や検証環境と呼ぶことが多いです。本書では検証環境と呼びます）を用意し、事前にテストを行った上で本番環境に変更を加えるようにします。IaC（AWS CloudFormationなど）で環境をコード化することで、すぐに本番用の環境を複製できるようにしておけば、テスト完了後に検証環境を削除するなどして AWS 利用料金の節約をすることもできます。

自動化でアーキテクチャ実験を容易にする

　実際に運用をしていくと作業が必要になり、中には手順書を用意して人が作業するもの（手作業）が出てくることもあります。しかし手作業だとミスが起こってしまうリスクを伴います。そのため手作業をなるべく減らし自動化をすることでリスクを減らすようにしましょう。また、自動化した作業については何か問題が発生した際に、変更前の状態にすぐ戻せるようにしておくことでシステムへの変更を容易に行えるようになります。

発展するアーキテクチャが可能に

　システムは一度構築してそれで終わりではありません。ビジネス的な変化やシステムで稼働しているサービスの機能追加、利用するユーザーの増加などでシステムへの変更要件が発生します。その時の変化に追従していけるように環境はなるべく自動化やコード化し、容易に変更できるようにしておきましょう。

データに基づいてアーキテクチャを駆動

　本書「AWSの管理」の監視・監査で紹介した監視サービスのようにクラウドでは、それぞれのサービスで定期的にデータを測定し、メトリクスが見えるようになっています。このメトリクスに対し閾値とアラートを設定するようにしましょう。それによってシステムが提供するサービスを利用しているユーザーに影響を出す前にシステムの異常やリソース不足に気がつくことができ、対応が行えます。

ゲームデーを利用して改善する

　ゲームデーと呼ばれる、意図的に障害やイベントを発生させてチームが障害に対し迅速に対応できるかやサービスへの影響を見極めるシミュレーションイベントを行うようにしましょう。実際にシステムが稼働している本番環境で行う手法もあります[注1]が、ユーザーへの影響といったリスクが伴いますので、検証環境を用意しておくことで安全にイベントを開催することができるようになります。

フレームワークの柱

　ここからがWell-Architectedフレームワークのメインとなる「6本の柱」の解説となります。前述した通りシステム設計を評価する観点をカテゴリ別に分けたものなのですが、柱になぞらえているAWSの意図としてはクラウド上でのシステム設計をビルの建設に例えているためです。柱（基礎）がしっかりしていなければビルが正しく建築できないかもしれませんし、使っていく中で何かしらの不具合が発生してしまうかもしれません。全てのベストプラクティスを満たすことは難しいかもしれませんが、それぞれの柱の概要や観点はしっかり理解しておきましょう。

運用上の優秀性の柱

　クラウドシステムを運用していく上での観点です。運用というのがなかなかイメージが難しいかもしれませんが、サービスをユーザーに提供するといろんな機能を追加をしていくことになったり、アプリケーションに問題があればそれを解消する必要があります。そのためにはアプリケーションを迅速に構築した環境にデプロイする必要があります。最近のAWSではアプリケーションの

注1　カオスエンジニアリングという手法です
　　　https://aws.amazon.com/jp/builders-flash/202110/awsgeek-
　　　fault-injection-simulator

機能を一部助けるようなサービスもあったりするので、運用側でサービスを提供を求められた際にIaCでコード管理しておくと容易に構築できたりします。変更だけでなく、予期しない障害やイベントが発生することもあります。こういった事象に対応することも慌てないための手順整理や自動化といった日頃の取り組みや準備も運用の一環と言えるでしょう。**ユーザーにサービスを着実に提供しつつ、改善や変更に取り組むこと**が運用上の優秀性の観点です。

運用上の優秀性の設計原則としては以下のようになっています。

設計原則	内容
運用をコードとして実行する	IaCを活用し環境をコード化するのと、他にも運用手順をなるべく自動化するためにプログラムを作ったりします。
小規模かつ可逆的な変更を頻繁に行う	環境に対して変更を行う際には、なるべく小さな変更を何回かに分けて行います。また、変更した際に問題があればすぐに元に戻せるようにします。
運用手順を頻繁に改善する	運用手順を見直したりゲームデーを開催して常にマニュアルを改善します。
障害を予想する	実際に起こり得そうな障害を想定し、ゲームデーを活用して実際の影響や復旧手順の確認をします。
運用上の障害すべてから学ぶ	事故と同じで、障害はどんなに気をつけていても起こる可能性を0にすることは難しいです。障害が発生したら振り返りを行い、改善するためのアクションをチームや組織全体で検討しましょう。

定義（領域）としては次のとおりです。

定義（領域）	内容
組織	運用するチームメンバーをサポートするために必要な体制についての領域です。
準備	運用を始めるための準備についての領域です。
運用	運用中に把握すべき情報や、情報の活用やイベントへの対応についての領域です。
進化	運用した教訓を学んで次の改善のため評価など運用の進化についての領域です。

セキュリティの柱

クラウドシステムのデータやリソースを守る観点です。例えばAWSリソースへのアクセス権限の管理や発行したアカウントのユーザーとIDを適切に管

理することなどが挙げられます。前述した責任共有モデルはこのセキュリティの柱の基本となり、**AWSのセキュリティ責任範囲外をどう守るか**がセキュリティの観点です。

設計原則としては以下のように定義されています。

設計原則	内容
強力なアイデンティティ基盤を実装する	各種オペレーションを行う上で与える権限は必要最低限にすることをAWSでは推奨しており、これを「最小権限の原則」と呼びます。これを前提とした上で、権限の管理を一元的に行える基盤を用意し、認証情報は長期間使われないようにします。
トレーサビリティの維持	トレーサビリティとは様々な出来事を記録し、追跡可能な状態にすることを指します。セキュリティにおいては各種ログやメトリクスです。さらにこれを自動的に調査し、アクションを実行できるようします。
すべてのレイヤーでセキュリティを適用する	ユーザーがシステムにアクセスし情報を得たり、システムを操作したりする際にはネットワークやサーバ、アプリケーションなど様々なレイヤーを通過しますが、その全てのレイヤーにおいてセキュリティを適用します。たとえば暗号化はネットワーク上の通信だけ行えば良いのではなく、データを保存する際にも行うようにし、多重で対策を行うことを基本にします。このことを「**深層防御アプローチ**」とも呼びます。
セキュリティのベストプラクティスを自動化する	脆弱性のチェックや権限の一元管理などのベストプラクティスをツール（AWSのサービスなど）で行い拡張しやすくすると同時に、自動的に動作するようにします。
伝送中および保管中のデータを保護する	データを転送（通信）したり、保存する際には暗号化やアクセスコントロールといったセキュリティ対策を行うようにします。
データに人の手を入れない	データが人間によって直接編集可能な状態にあると、適切な権限を与えられた人であっても間違った操作によって改変や削除をしてしまう恐れがありますし、その状態を第三者に利用されて悪意のある操作をされてしまう可能性もあります。そのため、データは手動で扱われることのないようにし、アプリケーションやツールを介してアクセスするようにします。
セキュリティイベントに備える	万が一、何かセキュリティ的な問題が発生したとしてもチームとして対応が行えるように、起こり得るイベントを想定したシミュレーションを行い、管理や調査といった対応の準備をします。

定義（領域）としては次のとおりです。

定義（領域）	内容
セキュリティの基礎	AWSにおけるアカウント管理の考え方や、一連のワークロード（設計から実行、改善など）で異なる組織においても一貫した意思決定が行えるようにする組織的アプローチを行う、自動化したプロセスにセキュリティを組み込むといったAWSにおけるセキュリティの基礎の領域です。
IDとアクセス管理	AWSのサービスを使用する上での適切なアクセス方法や権限付与の考え方の領域です。
検知	予期しないか望ましくない設定の変更の検知と、不要な動作の検知という2つの検知についての領域です。
インフラストラクチャ保護	ネットワークやコンピューティングの保護といったAWS上の基盤となるインフラ保護についての領域です。
データ保護	AWS上で扱うデータを分類し、通信や保存する際の望ましいデータ保護についての領域です。
インシデント対応	万が一セキュリティに関係する問題（インシデント）が発生した際の対応についての領域です。
アプリケーションのセキュリティ	AWSで構築したシステム上にデプロイするアプリケーションセキュリティについての領域です。

信頼性の柱

　信頼性とはAWS上に構築したシステムをどのくらい信頼できるか、どうやって信頼できる状態にするかという観点です。最近は「このシステムは信頼できないな」という場面に出くわすことが少なくなったので理解が難しい観点かもしれません。システムというのはクラウドと言えどもその裏側には物理的なハードウェアがあるので、アクセスが沢山くると想定通りに動かなくなってしまったり、ハードウェアが故障してしまったり災害に巻き込まれてしまって意図通りに動かないということは付きものです。これを障害と呼びます。障害を防ぐことは難しいですが、障害が発生した際になるべく利用しているユーザーへの影響を少なくしたり、データをバックアップしておくことでユーザーの大切な情報の損失は免れたりすることができます。例えば、AWSでは前述したとおりリージョンという概念がありますので、システムを複数リージョンに跨るように設計をすることで、ハードウェアの故障や災害といったリスクを分散することができます。片方のリージョンが使えなくなってしまっても、もう片方のリージョンで稼働させる事により、ユーザーから見るとシステムに障害が

発生したようには見えなくすることもできます。複数リージョンでなくても、複数のアベイラビリティゾーンに跨った設計にするだけでも十分な効果があります。こういった避けたり予期できない障害に対し、素早く回復したり、データを保護したりして、**利用しているユーザーから「あのシステムはいつでも使えて、情報も失わないから信頼できるな」と思ってもらえるよう設計すること**が信頼性の観点です。

　そんな信頼の柱の設計原則としては以下が定義されています。

設計原則	内容
障害から自動的に復旧する	システムを計測し、異常があれば自動操作により復旧できるようにします。この時、計測する観点としては技術的側面ではなく、ビジネス価値に関する指標にします。例えばユーザーがサービスの重要な操作を行えなくなっているなどです。
復旧手順をテストする	障害からの復旧をすべて自動化するのは難しく部分的に人が操作する手順が必要になるかもしれません。実際に想定されるシナリオを行い、手順通りに行動できるか、復旧にはどのくらいの時間がかかるかなど日頃からテストを行うようにします。
水平方向にスケールして集合的なワークロードの可用性を向上する	例えばシステム全体が一つのEC2インスタンス上で構築した場合、それが故障してしまったら障害の範囲は全体となります。しかしシステムをなるべく細かく分割、さまざまなAWSリソースを採用し、小さなシステムの集合体のようにすれば、どこかで障害が発生したとしても、その影響範囲は小さくなります。このように障害が全体に影響しないような設計を行います。
キャパシティを勘に頼らない	よくある障害の原因としてアクセス過多があります。多くのアクセスが集中してしまうことでサーバがパンクしてしまうのです。しかし、事前にどのくらいのサーバを待機させればいいかの予測は難しいですね。そこでAWSには必要なリソース（キャパシティ）に応じて自動でサーバを追加したり、削除したりする機能があります。これを使う事により、キャパシティを予想する必要がなくなり、必要な分だけ自動でサーバを調達することができきます。
オートメーションで変更を管理する	システムを支えるインフラの変更は自動的に行い、なるべく人が手動で変更することを避けるようにします。

定義（領域）としては次のとおりです。

定義（領域）	内容
基盤	サービスクォータやネットワークといった信頼性のあるサービスを提供する上で必要な基盤についての領域です。
ワークロードアーキテクチャ	クラウドシステム上で行う処理を最適化するための構成についての領域です。
変更管理	アクセス過多による対応やデプロイといった環境への変更についての領域です。
障害管理	データのバックアップや障害に耐性のある設計、テストといった障害回避や対応についての領域です。

　なお、この信頼性の柱にも責任共有モデルがあり、「**回復性に関する責任共有モデル**」と呼びます。ここでいう回復とはユーザーがシステムを使えなくなるといった障害が発生した際に、システムが元のユーザーが不自由なく使える状態に復旧することを指します。AWSは提供しているサービス及びそのインフラの復旧に責任を持ち、AWSを利用してシステムを構築したユーザーは、AWSのサービスを活用して作られたシステムの復旧に責任を持ちます。例えば、前述のアベイラビリティゾーンで障害が発生しAWSのサービスが通常利用できなくなったことが原因で障害が発生しているのであればAWSが障害を解消してくれます。一方でAWS上に存在するアプリケーションに問題があれば、AWSを利用しているユーザー側で障害を解消する必要があります。

回復性に関する責任共有モデル - 信頼性の柱
https://docs.aws.amazon.com/ja_jp/wellarchitected/
latest/reliability-pillar/shared-responsibility-model-for-
resiliency.html

パフォーマンス効率の柱

　パフォーマンス効率というのは個々のコンピューティングリソースとシステム全体の両方の観点を指します。個々のコンピューティングリソースとしてはAWSには様々なコンピューティングリソースの種類があるので、例えばユーザーがシステムにアクセスしてくる都度発生する処理なのか、それともある程度まとまった一括処理なのかなどで向き不向きのインスタンスを選ぼうという

のが観点になってきます。またシステム全体としては、コンピューティングリソースの1台あたりの負担を軽くするためロードバランサによる分散の仕組みを導入したり、グローバルネットワークの仕組みを使って世界中のユーザーが利用しやすくするといった観点もあります。またAWSのサービスを活用することでアプリケーションの開発を助け効率をあげるといったことも含まれます。このような取り組みを行いシステムのパフォーマンスの効率を良くしていこうというのがパフォーマンス効率の観点です。

パフォーマンス効率の柱の設計原則としては以下が定義されています。

設計原則	内容
最新テクノロジーを誰もが利用できるようにする	AI（機械学習など）やメディアデータの変換（トランスコーディング）といった、本来であれば専門性が必要な技術も、AWSではサービスとして提供しています。そのため、こういった最新技術を0から実現するのではなく、AWSの力を借りつつ、どうサービスを活用していくかを考えるようにします。
わずか数分でグローバル展開する	AWSのグローバルインフラストラクチャを活用し世界中の人がアクセスしやすいシステムを構築します。
サーバレスアーキテクチャを使用する	コンピューティングリソースをなるべくサーバレスにできないかを検討するようにします。
より頻繁に実験する	AWSには様々なコンピューティングリソースや、それに付随するストレージがありますが、これらは簡単に立ち上げて削除することができます。この特性を活かし、やりたい処理を行う上でどの選択が最適か頻繁に実験を行うようにします。
メカニカルシンパシーを重視する	AWSが提供しているサービスやコンピューティングリソース、ストレージには得意不得意と言った特性があります。それぞれを理解し最適かつ効率的に利用できるようにします。

定義（領域）としては次のとおりです。

定義（領域）	内容
アーキテクチャの選択	適切なAWSリソースを選択することについての領域です。
コンピューティングとハードウェア	適切なコンピューティングリソースを選択することについての領域です。
データ管理	適切なストレージ選択やキャッシュ活用についての領域です。
ネットワークとコンテンツ配信	プロトコルやトラフィック分散といった適切なネットワーク機能やリソースの選択についての領域です。
プロセスと文化	クラウド上へのデプロイを効率化し、クラウド上に構築したシステムパフォーマンスを正しく観測、評価するプロセスと文化についての領域です。

コスト最適化の柱

　コスト管理は家計のような身近なところでもそうだと思いますが、理想のイメージを持っていたとしても実際に行うのはなかなか難しいところです。AWSをビジネスで扱う時、多くの場合においては会社のような組織で扱うことになるかと思います。その場合、関係者にコスト削減の意図や、計画実行後の成果についても説明しなくてはなりません。説明のためにはAWSの利用状況やそれに伴う料金をグラフなどで可視化することも必要です。こういった**AWSを組織が使う上でコストを最小限に抑え、ビジネスの成果を最大限発揮すること**がコスト最適化の観点です。

　しかしこういった取り組み含め、コストの削減は場合によってはビジネスのスピードとトレードオフになることがあります。節約のベストプラクティスを押さえておいた上でビジネス的な影響を考慮し進めていきましょうというのもコスト最適化の柱の中で触れられています。

コスト最適化の柱の設計原則は以下の通りです。

設計原則	内容
クラウド財務管理を実装する	コストの削減を検討する上で、何にどのくらいのコストがかかっていて、それがどんなビジネス的な成果を出しているかを把握しないと実行が難しいです。そのためコスト最適化の柱ではクラウド財務管理の実装を推奨しています。
消費モデルを導入する	使っていない状態でAWSリソースを立ち上げていると無駄なコストが発生します。例えば本番環境で作業をする前に検証を行う環境などは実際に勤務する日中帯しか使わないなどの要件があります。それ以外の時間は環境を削除したり使っていないサービスを停止するなどすることでコストを削減するようにします。
全体的な効率を測定する	クラウド上に構築したシステムが生み出したビジネス的な成果と、それを維持するために必要なコストを比較し効率を測定します。ビジネス成果を維持、向上させつつコスト削減を行うことでメリットが大きくなるようにします。
差別化につながらない高負荷の作業に費用をかけるのをやめる	AWSに構築したシステムが提供しているサービスで重要なのは、優位性や他のサービスとの差別化なので、それ以外のところにコストを割かないようにします。例えばサーバの用意にクラウドを使用してもオンプレミスの環境を使用してもユーザーからすると影響はありませんが、クラウドを使用することで機器の設置や電源や空調などのハードウェアに対する維持管理のコストを削減することができます。
費用を分析し帰属関係を明らかにする	本書「AWSの管理」の料金と請求でもご紹介したように、AWSではそれぞれのサービスでどのくらい費用がかかったかを見やすくするサービスがあります。これらを駆使してユーザーへ提供しているサービスとそれを実現するためにかかっているコストが分かりやすくなるように分析します。そうすることで投資に対しどんなメリットを得ているかが分かりやすくなるので、コスト削減の計画を立てやすくなります。

定義（領域）としては次のとおりです。

定義（領域）	内容
クラウド財務管理を実践する	クラウド財務管理を実践するために財務プロセスを最適化させることについての領域です。
経費支出と使用量の認識	かけているコストに対し使用量を分析しコスト削減の機会を特定する領域です。
費用対効果の高いリソース	AWS上に構築したシステムが提供するサービスを実現する上で最適なリソースを特定することについての領域です。
需要の管理とリソースの提供	需要に合わせたリソースの供給を行うためのアプローチについての領域です。
継続的最適化	新しいサービスを取り入れつつ継続的に最適化することについての領域です。

サステナビリティ（持続可能性）の柱

　サステナビリティ（**持続可能性**）の柱は、2021年末に発表されたWell-Architectedフレームワークの中で、本書執筆現在最も新しい観点になります。国連の環境と開発に関する世界委員会の中で持続可能な開発という概念を掲げているので、クラウドに限らず違う分野でご存知の方もいらっしゃるかもしれません。**持続可能な開発では将来の世代のニーズも満たしつつ、今の世代のニーズも満足させていく開発を定義として掲げています。AWS全体だけではなく、AWSを利用するユーザーとしてもこの概念に賛同し、サステナビリティ（持続可能性）の取り組みを行なっていくこと**がサステナビリティ（持続可能性）の観点です。

　AWSが全体的に取り組むところとAWSを利用するユーザーが取り組むところの棲み分けとしては本ベストプラクティスの中に書かれている責任共有モデルが分かりやすいです。AWSとしてはデータセンタへの電力供給、サーバの冷却、廃棄物処理、再生可能エネルギーの調達を行い、AWSを利用するユーザーとしてはなるべくリソースの消費量を抑えたり、使用用途に合ったデータストレージの選定や最新技術により電力効率が良くなったサーバを選定するなど最適な技術選定を行います。詳しくは以下公式サイトを参照下さい。

https://docs.aws.amazon.com/ja_jp/wellarchitected/latest/
sustainability-pillar/the-shared-responsibility-model.html

より本ベストプラクティスの詳細に踏み込んでいくと AWS を利用するユーザーがリソースの消費を抑えたり技術選定をするにあたって、どういったプロセスで進めることを推奨するか、どのような点で見ていくと最適なリソース量やアーキテクチャ、技術選定が行えるかについて書かれています。ぜひご興味のある方はご参照ください。

https://docs.aws.amazon.com/ja_jp/wellarchitected/
latest/sustainability-pillar/sustainability-pillar.html

サステナビリティ（持続可能性）の設計原則は以下のとおりです。

設計原則	内容
影響を理解する	ここでいう影響とは、クラウドに与える影響のことです。提供するサービスを実現することがクラウドに与える影響と将来の影響をモデル化して理解するようにします。影響の範囲としては、クラウド上に構築されたシステムをユーザーが利用することから始まり、最終的にはそのシステムを廃棄するまで含まれます。モデル化したデータを活用して影響を抑えつつ生産性を上げる方法を評価検討します。そしてその方法がもたらす長期的な影響を推測するようにします。
持続可能性の目標を設定する	持続可能性の目標とは、必要なリソースの削減といった長期的な目標です。目標達成することで得られる収益を担当者に伝え、達成するために必要なものも渡して推進します。サービスの成長とクラウドに与える影響低下ができるように設計を行うようにします。この目標はビジネスや組織での持続可能性をサポートし、問題や改善点を見極めるのに役立ちます。
使用率を最大化する	ここでの使用率とはクラウドの裏側で動いている物理的なコンピュータのエネルギー効率を最適化することを指しています。使用するサーバのスペックを最適に調整したり、使っていないリソースは削除もしくは停止したり状況に応じて台数も最適化することも大切です。
より効率的なハードウェアやソフトウェアの新製品を予測して採用する	ハードウェアやソフトウェアの新製品はより効率性が上がっていることがあるので、最新のニュースやリリース情報をチェックし予測や評価を行うようにします。新製品が出やすいサーバなどは入れ替えやすいように柔軟な設計にするようにします。
マネージドサービスを使用する	前述した通り、AWSではある程度の運用や管理を任せることができるマネージドサービスを用意してます。マネージドサービスの設計や基盤はAWSに任せることができますので、効率の観点からも活用するメリットがあります。そのため本ベストプラクティスの設計原則でも推奨されています。
クラウドワークロードのダウンストリームの影響を軽減する	クラウド上で稼働しているシステムが提供するサービスの利用に必要なエネルギーやリソースを減らすようにします。場合によってはそのサービスをユーザーが利用する際にPCやスマートフォンといったデバイスをアップグレードする必要があるかもしれませんが、なるべくその必要性を減らしたり無くすようにしましょう。サービスを利用するユーザーがクラウドにもたらす影響を理解するために同じデバイスを用意したり、一緒にテストするようにしましょう。

定義（領域）としては次のとおりです。

トピック	内容
リージョンの選択	パフォーマンス、コスト、カーボンフィットの観点から最適なリージョンを選択することについての領域です。
需要に合わせた調整	必要最低限のリソースでサービスを提供していくことについての領域です。
ソフトウェアとアーキテクチャ	時間の経過とともに変化する需要に応じてリソースを減らしたり統合したりして最適化していくことについての領域です。
データ管理	最適なストレージの選び方やデータの保存量をなるべく削減することについての領域です。
ハードウェアとサービス	AWSのリソースの裏側にあるハードウェアを効率よく使用することについての領域です。
プロセスと文化	最新技術の導入や本番以外の環境の扱いについての領域です。

AWS Well-Architected Tool

　Well-Architectedフレームワークは多くのベストプラクティスを提供してくれます。これを現状のシステムに1つ1つ照らし合わせて確認していく方法もありますが、もう一つ **AWS Well-Architected Tool（以降、Well-Architected Tool）** を活用するという手段をご紹介させて下さい。

　Well-Architected Toolとは、今のAWSアカウント上に構築されたワークロードを客観的に分析、評価してくれるサービスです。Well-Architected ToolからWell-Architectedフレームワークのベストプラクティスに沿った質問が与えられ、それに対して現状や設計を考慮しながら回答していくことでレポートを受け取ることができます。Well-Architectedフレームワークだけでなく、**カスタムレンズ**という拡張機能もあり、独自のルールを追加することもできます。カスタムレンズはAWS Organizationsとも統合できて組織内で共有も可能です。

　本書「AWSの管理」のセキュリティでもご紹介したAWS Trusted Advisorとの連携も行うことができます。サポートで、エンタープライズサポートを契約している場合にはAWSアカウントチームが選別した優先度の高い推奨事項を提示するダッシュボードである **Trusted Advisor Priority** を利用するこ

ともできます。Well-Architected Tool と AWS Trusted Advisor を連携することで、Well-Architected Tool の一部質問の中で AWS アカウント内のリソースを自動で取得してくれるようになります。これにより質問の内容と現状の環境のギャップが見やすくなります。詳しくは以下のブログも参照ください。

https://dev.classmethod.jp/articles/aws_well_architected_
tool_with_trusted_advisor/

- ☑ 運用上の優秀性の柱ではシステム運用やモニタリング、それに伴う運用の継続的な改善に焦点を当てている

- ☑ セキュリティの柱ではシステムやデータの保護に焦点を当てている

- ☑ 信頼性の柱ではシステムが提供する機能を安定的に提供することに焦点を当てている

- ☑ パフォーマンス効率の柱ではコンピューティングリソースやシステムが効率よくパフォーマンスを発揮できることに焦点を当てている

- ☑ コスト最適化の柱では不要なコストの削減に焦点を当てている

- ☑ サステナビリティ（持続可能性）の柱ではシステムを稼働し続けることによる環境への影響を最小限にすることに焦点を当てている

- ☑ Well-Architected Tool は Well-Architected フレームワークを参考にして今の AWS アカウント上に構築されたワークロードを客観的に分析、評価してくれるサービス

Column!

目標復旧時間 (RTO) と目標復旧時点 (RPO)

　Well-Architectedフレームワークの信頼性の柱では「ディザスタリカバリ (DR) 目標」という項目があり、その中に目標復旧時間 (RTO)、目標復旧時点 (RPO) という言葉が出てきます。

　目標復旧時間 (以降、RTO) は英語でRecovery Time Objectiveと言います。サービスの中断からサービスの復元までの最大許容遅延のことを指しており、障害が発生し提供しているサービスが止まってしまったとして、それをどのくらいの速さで復旧するかという復旧目標です。

　目標復旧時点 (以降、RPO) は英語でRecovery Point Objectiveと言います。最後のデータ復旧ポイントからの最大許容時間のことを指しており、障害が発生し今のデータが消失してしまったとして、どのくらい前の状態に復旧できることを目標にするかという復旧目標です。

　両者とも可能な限り早く、データ復旧したいですが、厳しすぎる設定をするとシステムの設計に無理が生じたりバックアップにかかるコストが嵩んでしまいます。両者ともビジネスへの影響を考えて判断します。判断を助けるための分析については以下のホワイトペーパーが参考になります。

https://docs.aws.amazon.com/ja_jp/whitepapers/
latest/disaster-recovery-workloads-on-aws/
business-continuity-plan-bcp.html

ハンズオン

- ルートユーザーのMFA設定
- 作業用IAMユーザーの作成
- VPCの作成
- サーバの構築

本章ではAWSのアカウントを開設したら最低限、最初にやるべきことの紹介を含めた簡単なAWSのハンズオンをご紹介します。ここまで本書で学習してきた内容を多く含みますので復習にもご活用いただけるはずです。本ハンズオンは以下のような流れで進行します。

ルートユーザーのMFA設定
　↓
作業用IAMユーザーの作成
　↓
VPCの作成
　↓
サーバの構築
　↓
手元のデバイスでWebページを確認

　続いて、本ハンズオンで構築する構成図をご紹介します。本書「AWSサービス紹介」コンピューティングの最後に記した「絵を描こう」というコラムでお伝えした通りAWSには多くのサービスや機能があり、それぞれがどう組み合わさってシステムが構築されていくのかをイメージするのが業務ではとても大切になります。ぜひこれから進めるハンズオンもこの構成図を常にイメージいただき、今の作業はこの構成図のどのあたりを作っているのかというのをイメージしつつ読み進めていただければと思います。

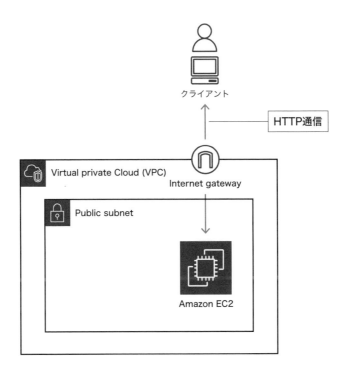

　本書「AWS認定クラウドプラクティショナーについて」章でご紹介した通り、AWS認定クラウドプラクティショナーでは実技は求められません。しかしクラウドの醍醐味は簡単に楽しくシステムを構築できることにあると筆者は考えます。そんなクラウドの魅力の一部をこのハンズオンでお楽しみください。なお、気軽に試していただけるようにAWSの無料枠に収めたAWS利用費のかからないハンズオンとなっています。

　なお、本ハンズオンはAWSのアカウントは開設済みであることが条件になりますので以下のサイトを参考にAWSのアカウントの開設をお済ませの上進めて下さい。本ハンズオン内容は本書執筆現在（2024年4月）のものになっています。

https://aws.amazon.com/jp/register-flow/

ルートユーザーの
MFA 設定

アカウントを開設したら最初にやることはルートユーザーの保護です。本書「AWS の管理」章のアクセス方法と認証・認可にて解説した通り **MFA** の設定が推奨されているので実際にやってみましょう。

AWS マネジメントコンソールを開き、右上のアカウント名をクリックします（1）。ナビゲーションが開きますので、その中にある<u>セキュリティ認証情報</u>を選択してください（2）。

以下画像の画面に切り替わりますので、<u>MFA デバイスの割り当て</u>をクリックします。

MFAデバイスを登録する画面に切り替わります。MFAデバイスはいくつか選択できるのですが、今回はスマートフォンでも使用可能な**仮想認証アプリケーション（Authenticator app）**を採用します。仮想認証アプリケーションは**Google Authenticator**が扱いやすくお勧めです。アプリケーションの細かい操作説明は本書では割愛しますが詳しく知りたい方は以下のブログを併せてご参照ください。

https://dev.classmethod.jp/articles/set-up-aws-mfa-on-my-smartphone/

　まずデバイス名を入力します（1）。ここではclf-certificate-book-mfaとします。続いてMFAデバイスを選択するのでAuthenticator appを選択します（2）。次へをクリックして次の画面に進みます（3）。

　仮想認証アプリケーションの準備をします。ここについてはAWSマネジメントコンソール上での操作は不要です（1）。QRコードを表示をクリックするとQRコードが表示されるのでスマートフォンの仮想認証アプリケーションからQRコードを読み取ります（2）。仮想認証アプリケーションでQRコードが正しく読み込めると数字（MFAコード）が表示されるので、それを連続して2回入力します（3）。

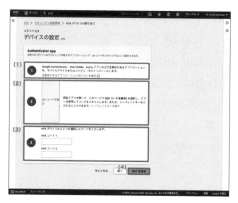

正しくMFAが設定できると成功メッセージと、多要素認証（MFA）に登録したMFAが表示されます。

では実際にMFAが設定できているか確認するため、ログアウト後に再ログインしてみましょう。画面右上のアカウント名をクリックします（1）。サインアウトのボタンが表示されるのでこちらをクリックします（2）。

　無事にログアウトできたらルートユーザーでログインしてみましょう。以下画像のようにMFAコードの入力を求められたらMFAの設定完了です。仮想認証アプリケーションで表示されるMFAコードを入力してログインしましょう。

作業用IAMユーザー
の作成

　ルートユーザーの保護ができたとはいえ使用は極力控えるべきです。しかし
そのためにはまだ残っている作業があります。本書「AWSの管理」章のアクセ
ス方法と認証・認可にて解説した通り、ルートユーザーにしかできない作業の
うちの1つ、**最初のIAMリソース**の作成をこれから進めていきます。ルート
ユーザーの代わりになるIAMユーザーの作成です。

　まずはIAMのサービス画面を開きましょう。AWSマネジメントコンソール
の上部に検索ボックスがあります。そこにIAMと入力し検索を行います（1）。
IAMサービス画面へのリンクが出てきますのでこちらをクリックします（2）。

　IAMサービスページのトップは次ページの画像のようになっています。こ
れから作成するIAMユーザーを所属させる**IAMユーザーグループ**から作りま
す。IAMユーザーグループについては本書「AWSの管理」章のアクセス方法
と認証・認可にてご紹介したIAMの説明の中でも出てきました。今回のハン
ズオンではIAMユーザーを1つしか作りませんのでIAMユーザーグループを
用いなくても実現可能なのですが、IAMユーザーグループを使うことで複数
ユーザーの管理がやりやすくなり、今後のAWSを活用していく上で役に立ち
ますので、このハンズオンで扱ってみましょう。

　IAMサービスページトップの左側にあるナビゲーションの中からユーザー

グループを選択します。

ユーザーグループの画面になると、グループを作成というボタンが出てきますのでこちらをクリックします。

まずはユーザーグループ名を入力します（1）。ここではclf-handson-ugとしました。続いて<u>許可ポリシー</u>をアタッチします。許可ポリシーというのは本書「AWSの管理」章のアクセス方法と認証・認可にてご紹介したIAMポリシーのことです。このようにIAMユーザーグループ（もしくはIAMユーザー）に添付（アタッチ）して権限を許可します。今回は以下3つのIAMポリシーをアタッチします。

- ●AmazonEC2FullAccess
- ●AmazonVPCFullAccess
- ●IAMFullAccess

それぞれ検索することで出てきますので、検索ボックスに入力して検索を行います（2）。対象のIAMポリシーが表示されたらチェックボックスにチェックを入れます（3）。ここでチェックを入れたポリシーが適用されますので誤って外したり必要以上に多くのIAMポリシーを添付してしまわないように注意しましょう。

　必要なIAMポリシーにチェックが付いたら、<u>ユーザーグループを作成</u>をクリックします。

　これにてIAMユーザーグループの作成は完了です。続いてIAMユーザーを作成しましょう。IAMサービスページトップの左側にあるナビゲーションの中から<u>ユーザー</u>をクリックします。

画面が変わり、IAMユーザーのトップ画面になったら、ユーザーの作成を
クリックします。

作成画面にて、まずはユーザー名を入力します（1）。ここではclf-handson-
userとしました。続いてAWSマネジメントコンソールへのユーザーアクセス
を提供するにチェックを入れます（2）。ユーザータイプはIAMユーザーを作
成しますを選択してください（3）。

　続いてログイン時のパスワードです。自分で入力することもできますが、今回は自動生成されたパスワードを選択します（1）。次回、作成したIAMユーザーでログインした際に、パスワードを変更させることを強制するオプションがありますが、今回はチェックを入れません（2）。なお、IAMユーザーを今回のように自分用でなく、他人用に発行することがあります。その場合にはログイン時にパスワード変更を強制させることを推奨します。

　入力が完了したら次へをクリックします（3）。

　続いてはIAMユーザーに権限であるIAMポリシーを付与するページに遷移します。今回IAMポリシーは既に作成したIAMユーザーグループに添付済みなので、作成したIAMユーザーをIAMユーザーグループに所属されるのみで権限が付与されます。なので許可のオプションでは、ユーザーをグループに追加を選択します（1）。次に所属させるIAMユーザーグループを選択します（2）。チェックボックスにチェックを入れたら次へをクリックします（3）。

作成した内容に問題がなければ<u>ユーザーの作成</u>をクリックしましょう。

　以下の画面になったらIAMユーザーの作成は完了です。本画面で作成した
IAMユーザーを使用してログインするための情報が表示されてはいるのです
が、筆者はCSVファイルをダウンロードしておくことを推奨します（1）。
CSVファイルをダウンロードしたら、<u>ユーザーリストに戻る</u>をクリックしま
しょう。

CSVファイルについて簡単にご紹介しますとCSVとはComma Separated Valuesの略で、カンマ（,）で各項目が区切られたテキストデータのことを指します。なのでエクセルのような表計算アプリケーションで開くことができます。今回ダウンロードしたIAMユーザーのCSVファイルの中には以下の画像のようにユーザー名とパスワード、そしてログインのためのURLが記載されていますのでこの情報を元にIAMユーザーとしてAWSマネジメントコンソールにログインしましょう。

ここまで作業できたらルートユーザーはもう使用しませんので、先ほどの手順でログアウトしましょう。次はIAMユーザーとしてサインインを行います。IAMユーザーのCSVファイルに書かれていたコンソールサインインURLにアクセスしましょう。

すると以下の画像のようにアカウントIDが既に入った状態でログイン画面が表示されますので、IAMユーザーのCSVファイルに書かれていたユーザー名とパスワードを使ってログインします。

　ログインが完了したらこのIAMユーザーにもMFAを設定しましょう。IAMのサービスページトップに遷移しますと、MFAを自分用に追加という項目がありますのでここから先ほどのルートユーザーと同様にMFAの設定を進めてください。

　MFAが設定できたら次からいよいよAWSリソースを使った構築を進めていきます。

VPCの作成

サーバを構築する前に基盤となるネットワークを作成していきます。サーバはEC2で構築します。本書「AWSサービス紹介」章のコンピューティングでも触れましたが、EC2はネットワークサービスであるVPCを選択し構成しますので、VPCが必要です。デフォルトVPCと呼ばれるものがあり、作成しなくても最初から使用可能なVPCがあるのですが、実際にAWSにてシステムを構築する際にはVPCを作るケースがほとんどです。今回のハンズオンで作り方を体験しましょう。

VPCはリージョンに依存しますので、どこのリージョンで作成するか選択する必要があります。今回は東京リージョンで構築を行います。リージョンについては本書「AWSとは」章のグローバルインフラストラクチャでご紹介しました。実際の設定は以下画像のように行います。まずはAWSマネジメントコンソールのトップにアクセスします。アカウント名横にリージョン名が書かれているプルダウンがありますので、こちらを展開します（1）。展開された中からアジアパシフィック（東京）を選択してください（2）。これにてリージョンの設定は完了です。このリージョン設定ですが、AWSマネジメントコンソールに再ログインしたりすると変わってしまうことがあります。作業中も意識するようにし、変わってしまっていたら東京リージョンに戻すようにしましょう。

VPCのサービス画面に移動します。IAMの時と同様、AWSマネジメントコンソールの上部に検索ボックスがありますのでそこにvpcと入力し検索を行います（1）。VPCサービス画面へのリンクが出てきますのでこちらをクリックします（2）。

　VPCのサービストップ画面は以下の画像のようになっています。VPCを作成する画面に遷移しましょう。枠で囲ってある<u>VPC</u>のテキスト部分をクリックしてください。なお「すべてのリージョンを表示」をクリックしてしまうと、すべてのリージョンのVPCが表示されてしまい、VPCを作成する画面に遷移できませんのでご注意ください。

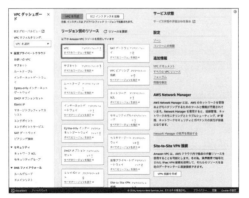

以下画像のページに遷移したら<u>VPCを作成</u>をクリックしてください。

VPCを作成する画面に遷移したら、作成するリソースはVPCのみを選択してください（1）。続いて任意のVPCの名前を入力します。ここでは「clf-handson-vpc」としました（2）。次はCIDRを入力します。CIDRについては本書「AWSサービス紹介」章のネットワークでご紹介しました。ネットワークをグループで区切るための表記です。ここでは「10.0.0.0/16」としました（3）。今回のハンズオンでIPv6は使用しませんので、IPv6 CIDRブロックなしを選択します（4）。

VPCのCIDRは
どんなアドレスを入れるの？

　CIDRの書き方としては、0から255の数字4つを「.」で繋いで表記しアドレスネットワークを表現し、その後ろにグループを区別するビット数を/の後ろに記載するのですが、何通りもあるので実際どんな数字にしたらいいかというご相談をよくいただきます。これについてはそれぞれ分けて考えると理解しやすいです。

　まずは、グループを区別するビット数ですが、許可されるサイズとしては/16ネットマスクから/28ネットマスクの間です。本書「AWSサービス紹介」章のネットワークでご紹介した通り、ここの値でネットワーク内で割り当てることのできるIPアドレスの数が変動するのですが、/16ですと、65,536個のIPアドレスが確保でき、/28ですと16個のIPアドレスしか確保できません。最初からなるべく多くのIPアドレスを確保した方がその後のシステムの拡張があった際に対応しやすいのでここは多めにするのが基本になります。

　続いて、アドレスネットワークですが、プライベートなIP（v4）アドレス範囲というのはRFCで定義されています。RFCとはインターネットの技術標準をまとめた文書です。IPアドレスというのは重複してしまうと通信が行えなくなってしまいます。そのためVPCのアドレスネットワークは外部のアドレスと重複しないようにこのRFCで定められた標準に則って決めるのが無難な選択となるのです。プライベートなIP（v4）アドレス範囲はRFC1918で定義されており、以下のようになっています。

- 10.0.0.0　　　-　　10.255.255.255 (10/8 prefix)
- 172.16.0.0　　-　　172.31.255.255 (172.16/12 prefix)
- 192.168.0.0　-　　192.168.255.255 (192.168/16 prefix)

　これを先ほどのVPCのネットマスクのルールと照らし合わせると、以下のようなアドレス選択が無難になってくるのです。

- 10.0.0.0/16　　　● 172.31.0.0/16　　　● 192.168.0.0/16

　またプライベートなネットワーク間での通信もあり得ます。今後システムの拡張によって別のプライベートネットワークと接続する可能性がある際にはIPアドレスの重複を避けるように意識しましょう。

タグは先ほど入力したVPC名がそのまま入っています。特に変える必要は
ないのでこのままVPCを作成をクリックします。

VPCが作成されると以下のような画面になります。手順通りの設定が詳細
に表示されているか確認しましょう。

続いて**インターネットゲートウェイ**を作成します。インターネットゲートウ
ェイとは、内部ネットワークにあるリソースが外部ネットワークに接続するた
めに必要になるリソースです。今回のハンズオンでは最終的に構築したサーバ
(EC2) へアクセスするのでこのリソースが必要になってきます。

VPCサービスページの左側ナビゲーションよりインターネットゲートウェ
イを選択します。

インターネットゲートウェイのページに遷移したら、<u>インターネットゲート</u>
<u>ウェイの作成</u>をクリックします。

作成画面でインターネットゲートウェイの名前を入力します。ここでは「clf-
handson-igw」としました（1）。タグには入力した名前がNameタグとして反
映されるのでそのままで問題ありません。<u>インターネットゲートウェイの作成</u>
をクリックします（2）。

インターネットゲートウェイの作成が完了すると以下のような画面になります。インターネットゲートウェイは作成後、VPCにアタッチする必要があります。VPCへアタッチをクリックします。

なお先ほどのVPCへアタッチが表示されているバーをうっかり消してしまうこともあるかと思いますので、その場合の対処方法をご説明します。まずはVPCの画面より、左側ナビゲーションからインターネットゲートウェイを選択します（1）。そうすると作成したインターネットゲートウェイが表示されますので、チェックボックスにチェックを入れます（2）。続いて画面右上にアクションというプルダウンがありますので、こちらを開きます（3）。選択肢の中にVPCにアタッチというのがあるのでこちらをクリックします（4）。

VPCにアタッチする画面では対象のVPCを選択します。先ほど作成した
VPCを選びましょう（1）。次にインターネットゲートウェイのアタッチを選
択します（2）。

以下の画面が表示されるとアタッチ成功です。念の為、枠で囲った状態を確
認し、Attachedになっていることをチェックしておきましょう。

続いてサブネットを作成します。サブネットは本書「AWSサービス紹介」章
のネットワークでご紹介した通りネットワークを区切るグループです。VPC

で区切ったネットワークグループの中に作成します。EC2はこのサブネット上に建てます。またここで本書「AWSとは」章のAWSグローバルインフラストラクチャでご紹介したアベイラビリティゾーンが登場します。ざっくりとVPCはリージョンに作成し、サブネットはアベイラビリティゾーンに作成するということを覚えておきましょう。

サービス画面左側のナビゲーションよりサブネットを選択します。

サブネットの画面に遷移するとサブネットを作成というボタンがありますので、こちらをクリックします。

サブネットの作成画面で、最初にどのVPCにサブネットを作成するかを選択しますので、先ほど作成したVPCを選択しましょう。

続いてサブネットの詳細設定です。サブネット名はここではclf-handson-pub-subnet01としました（1）。アベイラビリティゾーンはap-northeast-1aを選択します（2）。サブネットを作成するCIDRブロックはVPCで設定した10.0.0.0/16になるので変更しないでそのままにします（3）。サブネットのCIDRブロックは今回10.0.0.0/24としました（4）。最後に設定内容に間違いがないかを確認してサブネットを作成ボタンをクリックします（5）。

サブネットの作成が完了しましたら、サブネット上に構築したリソースにパブリックIPアドレスを付与する設定を入れていきます。サブネットの一覧から、作成したサブネットにチェックを入れます（1）。画面右上にアクションのプルダウンがありますので、こちらを展開します（2）。その中からサブネットの設定を編集を選択します（3）。

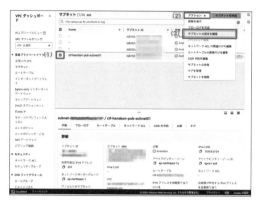

編集画面になりますと以下画像のようにIPアドレスの自動割り当て設定という箇所がありますので、この中のパブリックIPv4アドレスの自動割り当てを有効化をチェックします（1）。チェックを入れたら画面右下の保存をクリックしてください（2）。

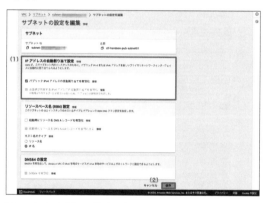

ここからサブネットに最後の仕上げをしていきます。サブネットは作成しただけではインターネットに繋がっていません。先ほどVPCにアタッチしたインターネットゲートウェイへのルーティングを設定する必要があります。

まずはサブネットの一覧の画面を開き、今回作成したサブネットにチェックを入れます（1）。その次にサブネットの詳細が画面下部に表示されますので、バーの中からルートテーブルを選択します（2）。設定されているルートテーブルが表示されますので、ルートテーブルのリソースIDをクリックします（3）。

もしこの時、ルートテーブルが存在しないエラーが表示された場合はブラウ

ザの再度読み込みを行なってみてください。

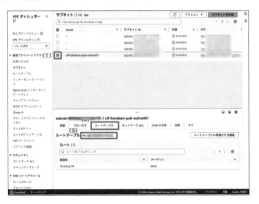

　ルートテーブルの画面に切り替わり変わりましたら、画面下部に対象ルート
テーブルの詳細が表示されていますので、バーの中からルートを選択します
(1)。ルートを編集というボタンが出てきますので、こちらをクリックします
(2)。

　ルートを編集する画面になったらルートを追加をクリックします(1)。する
と行が追加されますので、項目を埋めていきます。送信先については特定のど
こかではなくすべてのIPv4アドレスを表す0.0.0.0/0を設定します(2)。ター
ゲットはインターネットゲートウェイになりますので、作成したインターネッ
トゲートウェイを選択します(3)。設定が完了したら変更を保存をクリックし
ます(4)。

以下のような画面が表示されると変更完了です。ルートにインターネットゲートウェイへの経路が追加されていることを確認しましょう。

次にセキュリティグループの設定を行います。セキュリティグループは本書「AWSの管理」章のセキュリティでご紹介した通り関連付けたリソースのネットワーク境界に配置し通信を制御するリソースで、このようなものをファイアウォールと呼びます。今回はEC2の保護のために使用します。

VPCの画面左側にあるナビゲーションから<u>セキュリティグループ</u>を選択します。

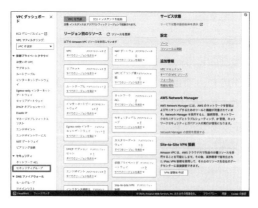

セキュリティグループの画面に切り替わったら、<u>セキュリティグループを作</u><u>成</u>のボタンをクリックします。

　まずはセキュリティグループの名前から入力します。ここではclf-handson-sgとしました（1）。次にオプションと思われがちなのですが、説明が必須項目なので入力します。実際に業務でAWSを扱うとセキュリティグループは大量に作ることになります。この時、説明が書いてあると管理がしやすくなるので記入するようにしましょう。日本語の入力は行えないのでご注意ください。有効な文字は、a~z、A~Z、0~9、スペース、および._-:/()#、@[]+=&;{}!$* です。ここではAllow HTTP access to EC2としました（2）。次に関連するVPCを選択しますので、作成したVPCを選びましょう（3）。次にインバウンドルールの項目に<u>ルールを追加</u>ボタンがありますのでこちらをクリックします（4）。

　ルールを追加ボタンをクリックすると行が足されて、以下のような項目が表示されます。タイプは今回Webブラウザからアクセスするので<u>HTTP</u>です（1）。

ここでHTTPを選択するとプロトコルとポート範囲は自動的に埋まります。次にソースですが、これは接続元を表します。どこからでもアクセスできるような設定にしてしまうと、もしリソースのIPアドレスなどが悪意のある人に見つかってしまった場合、攻撃の対象になってしまう可能性があります。接続元を限定することでセキュリティグループを関連付けたリソースを保護することができるのです。ここでの接続元とは、自分のIPアドレスです。自分で調べて直接書き込む方法もありますが、便利なマイ IPという項目があります。これを設定すると自分のIPアドレスが自動で設定されます（2）。このルールにも説明を入力できるのですが、こちらはオプションなのでスキップします。項目が埋まったら次に進みましょう。

アウトバウンドルールやタグは最初の状態から特に編集しなくて問題ありません。画面右下のセキュリティグループを作成ボタンをクリックして次に進みます。

以下の画面が表示されたらセキュリティグループの作成は完了です。手順通りの設定が反映されているか確認しましょう。次はいよいよサーバ本体の構築です。

サーバの構築

　先述した通り、今回サーバにはEC2を用います。AWSマネジメントコンソールの上部に検索ボックスがありますのでそこにec2と入力し検索を行います（1）。EC2サービス画面へのリンクが出てきますのでこちらをクリックします（2）。

　EC2のサービス画面に遷移すると、インスタンスを起動というボタンがあるのでこちらをクリックします。

　EC2は設定項目が多いので、それぞれ分割してご説明します。まずは今回構築するインスタンスの名前を入力します。ここではclf-handson-serverと

しました。本書「AWSサービス紹介」章のコンピューティングでご紹介した通りEC2では仮想マシンをインスタンスとして利用します。

　続いてはAMIの選択です。本書「AWSサービス紹介」章のコンピューティングでご紹介しましたが、AMIとはAmazon Machine Imageの略でLinuxやWindowsなどのOSがインストール済みのイメージです。今回のハンズオンではAmazon LinuxというAWSが提供しているOSを使います。

　AMIには最新のAmazon Linux 2023が入るようにします（1）。枠の右側に無料利用枠の対象と書かれていますが、こちらがあることをチェックしてください。アーキテクチャは64ビット（x86）を選択します（2）。このアーキテクチャとはCPUアーキテクチャのことです。x86なのでIntelアーキテクチャです。詳しくは本書「AWSサービス紹介」章のコンピューティングの「コラム：CPUアーキテクチャ」で詳しく紹介しておりますのでこちらを参照ください。

　続いてインスタンスタイプです。本書「AWSサービス紹介」章のコンピューティングでご紹介した通り、vCPUとメモリやその他リソースの組み合わせです。今回は無料枠で行うハンズオンですので、インスタンスタイプも無料のも

のを選択します。本ハンズオンではt2.microを選択しました（1）。続いてキーペアの選択なのですが、これはEC2に対してSSH（Secure Shell）というプロトコルで接続する際に使用するものです。これによりEC2を遠隔操作したりすることができます。SSHによる通信では、公開鍵と呼ばれるものと秘密鍵と呼ばれるものを組み合わせて通信経路を暗号化し通信の盗聴を防ぎます。2つの鍵を組み合わせるのでキーペアですね。本ハンズオンでは扱いませんのでキーペアなしで続行を選択します（2）。

続いてネットワークの設定です。右上の編集を選択します。

VPCは作成したVPCを選択します（1）。サブネットも作成したサブネットを選択します（2）。サブネットはパブリックIPの自動割り当てを有効化してあるので、サブネット設定の下にあるパブリックIP自動割り当ても有効になります。ファイアウォールには作成したセキュリティグループを設定しますので既存のセキュリティグループを選択するを選びます（3）。既存のセキュリティグループが選択できるようになりますので先ほど作成したセキュリティグループを選択しましょう（4）。

　ストレージは無料枠のものを選択できていれば問題ありません。執筆現在、初期設定で以下のような項目になっておりました。

　項目としては2つあって、まず容量は最大30GBが無料枠の対象になるのでこれ以下にするようにしましょう。こちらはイメージがしやすいかと思います。もう一つの汎用（SSD）ストレージと書かれているのは画面に表示されているgp3（もう一つ前の世代でgp2というものもあります）です。EBSには高い読み込み・書き込み機能を提供するプロビジョンドIOPS（io1, 2）というものもありこちらを誤って選ばないように注意しましょう。

　続いて高度な詳細という設定項目があるのでこちらを開きます。左側に矢印があるのですが、こちらをクリックするとたたまれていた詳細設定を展開することができます。

![高度な詳細 情報]

　多くの設定項目があるのですが、下までスクロールしていくと<u>ユーザーデー</u>

タと書かれた設定項目があります。これはインスタンスが起動した際に、インスタンス内で最初に行う処理を記述できる設定です。EC2インスタンスをサーバとして起動するためにはソフトウェアをインストールし、それを起動する必要がありますのでその処理を記述します。LinuxというOSでは基本的にコマンドと呼ばれる命令文を打ち込んで操作を行いますので、そのコマンドが列挙されたものがユーザーデータとなります。なお、このユーザーデータに書かれた処理が実行されるのは通常初回起動の1回目のみです。

　ユーザーデータには以下の処理を入力してください。

```
#!/bin/bash
dnf update
dnf install -y httpd
systemctl start httpd
systemctl enable httpd
```

　コマンドを順番に解説しますがハンズオンの趣旨とは異なりますので読み飛ばしても構いません。

- ●#!/bin/bash：シバンと呼ばれるものです。スクリプトをどのShellで実行するかを指定しています。
- ●dnf update：システムにアップデートをかけて最新の状態にしています。
- ●dnf install -y httpd：Apache HTTP Serverと呼ばれるサーバに必要なソフトウェアをインストールしています。
- ●systemctl start httpd：インストールしたApacheを起動しています。
- ●systemctl enable httpd：インストールしたApacheがサーバを再起動しても立ち上がるように設定しています。

　このコマンドを実際に入力すると以下のような画面になります。一番下のユーザーデータは既にbase64エンコードされていますのチェックは外してください。

　最後の概要に今回立ち上げるEC2の情報がまとまっています。枠で囲んだ
ところに無料利用枠の条件が記入されていますので、改めて今回立ち上げよう
としているEC2がその要件に当てはまっているかを確認しましょう。問題が
なければ画面下部のインスタンスを起動のボタンをクリックします。

　起動すると以下の画面が表示されます。実際のインスタンスの様子を確かめる
ために画面下部にあるすべてのインスタンスを表示のボタンをクリックします。

インスタンスの一覧画面でインスタンスが正常に立ち上がったかどうかを確

認できます。なお、インスタンスが立ち上がるのには時間がかかります。数分待機してから状況をチェックするのが良いでしょう。

インスタンスの詳細を確認するために対象のインスタンス左側にあるチェックボックスにチェックを入れます（1）。続いて<u>ステータスチェック</u>と呼ばれる項目があります（2）。ここでは2つのチェックを行なっており、1つ目がインスタンスが実行されているAWSシステムの状態、2つ目がインスタンスそのものの状態をチェックしています。どちらか失敗するとステータスチェックのところに異常が表示されます。ここが<u>2/2のチェックに合格している</u>ことを確認しましょう。失敗してしまった場合は再起動やインスタンスの再作成を試してみてください。非常に稀ではありますがAWSそのもので障害が発生することもあります。何回試してもうまくいかない場合は以下のサイトよりAWSで障害が起きていないかも確認しましょう。

https://health.aws.amazon.com/health/status

ステータスチェックに失敗してしまった時のトラブルシューティングの公式ドキュメントも参考になります。

https://docs.aws.amazon.com/ja_jp/AWSEC2/latest/
UserGuide/TroubleshootingInstances.html

ステータスチェックも問題なさそうでしたら<u>インスタンスの状態が実行中</u>になっていることを確認してください（3）。ここまで問題がなかったらいよいよEC2にアクセスしてみましょう！インスタンスのパブリックIPv4アドレスをコピーしてください（4）。なおその横にあるオープンアドレスをクリックしてもサーバにアクセスすることはできませんのでご注意ください。

手元のブラウザでインスタンスにアクセスしてみましょう。普段URLを入力しているところに以下のように入力してください。xx.xx.xx.xx には先ほどコピーしたEC2のパブリックIPv4アドレスが入ります。

http://xx.xx.xx.xx/

無事にインスタンスにアクセスできると以下の画面になります。ネットワークの状況などによっては表示に時間がかかるかもしれません。もし今ハンズオンで使っているPCと普段使うスマートフォンも同じ自宅のWi-FiにつながっていてパブリックIPアドレスが変わらなければ、スマートフォンのブラウザから同様にアクセスすることもできます。

もし時間が経っても表示されない場合、先ほど作成したセキュリティグループに設定したIPアドレスと今のパブリックIPアドレスが変わってしまっているのかもしれません。今のパブリックIPアドレスは以下のURLにアクセスすることで確認することができます。画像の枠で囲ったところに表示されているアドレスが今のあなたのパブリックIPアドレスです。

https://checkip.amazonaws.com/

ではハンズオンの最後にEC2の削除方法をご案内します。EC2のトップ画面左側のナビゲーションよりインスタンスを選択します（1）。続いて対象のインスタンスにチェックを入れます（2）。インスタンスの状態というプルダウンが画面上部にありますのでそちらを展開します（3）。選択肢の中にインスタンスを終了という項目がありますので、こちらを選択します（4）。

　すると以下のようなポップアップが上がってきますので、内容に間違いなければ終了ボタンをクリックします。

　これにてインスタンスの削除が行えます。
　ハンズオンは以上となります。なお今回ご紹介した画面はAWSのアップデートともに変わっていく可能性があります。しかし、大まかな構築の流れや構築するにあたって必要なサービスやリソースといった基本はなかなか変わることはないでしょう。ぜひ今回体験したハンズオンの流れを覚えて実務でも活用いただければと思います。

Chapter

07

問題集

問題 -1

クラウドの特徴として正しいものはどれですか。

1. サーバに必要なリソースを必要な分だけ利用する
2. サーバを自社で期間を決めて事業者から借り受ける
3. サーバに必要なリソースを事前に契約して利用する
4. サーバを自社で保有し運用する

[問題 1 の解答]

解答：**1**

解説：クラウドサービスはシステムに必要なリソースを必要な分だけ利用
できるサービスの総称です。事前の契約や期間を決めて利用する必
要はありません。

参照：AWS とは - クラウドサービスとは

クラウドサービスの利用がITシステムをスモールスタートで始めることに適している理由を選択してください。

1. ハードウェアの種類を最小限にできる
2. ハードウェアの費用を変動費として考えられる
3. ハードウェアを前借りできる
4. ハードウェアの費用が割安になる

[問題2の解答]

解答：**2**

解説：クラウドサービスは利用したリソースの分だけ費用が発生するため、固定費ではなく変動費として考えることができます。ITシステムをスモールスタートではじめるためには費用を最小限にする必要があり、利用するリソースの分の費用が上振れしないクラウドサービスが適していると言えます。

3. 前借りはできません

参照：AWSとは - クラウドサービスとは

クラウドサービスにおいて規模の経済が働くことによってコストが削減される理由として正しいものを選びなさい。

1. 特定のサービスでは使用量が増えるほど割引を受けることができるため
2. 多数のユーザーによる使用量が集約されるため
3. 多数のユーザーがクラウドを活用することにより景気が上向くため
4. クラウドサービスのデータセンタは電力費用や土地代が安くなるため

[問題3の解答]

解答：**2**

解説：製品の生産量や生産規模を高めることにより製品1つあたりのコストが低くなることが規模の経済です。クラウドサービスでは数十万ものユーザーによる使用量が集約されるため、サービス提供側も利用するユーザー側においても費用を下げることができます。AWSでは2023年3月時点でサービス開始から129回以上の値下げを実施した実績があります。

参照：AWSとは - クラウドサービスとは

グローバルインフラストラクチャの説明として正しいものはどれですか。

1. グローバルインフラストラクチャとは世界中に存在するAWSのサポートセンタである。これにより様々な言語でAWSよりサポートをしてもらえる。
2. グローバルインフラストラクチャとは世界中に存在するAWSの開発センタである。これにより各国に最適なサービスがリリースされる。
3. グローバルインフラストラクチャとは世界中に存在するAWSのデータセンタである。これにより世界中でクラウド構築が行える。
4. グローバルインフラストラクチャとは世界的に有名なAWSのベストプラクティスである。これによりAWSの最適な使い方を理解することができる。

[問題4の解答]

解答：**3**

解説：AWSも物理的なサーバを裏側では運用しており、それを世界中に展開したものをグローバルインフラストラクチャと呼びます。これにより複数の国に跨るクラウドシステムの構築や、グローバルインフラストラクチャ内の高速ネットワーク回線により、世界中のユーザに素早くサービスを提供することができます。

参照：AWSとは - AWSグローバルインフラストラクチャ

可用性の説明として正しいものはどれですか。

1. 負荷や状況に応じて柔軟にサーバの性能を変えたり台数を増やしたりできる機能
2. システム内部の状態を測定可能にする能力
3. システムの改修や拡大が素早い能力
4. 災害等が発生しても耐えられる（システムが継続して稼働できる）能力

[問題5の解答]

解答：**4**

解説：複数の地域や国にシステムを分散することで災害等が発生しても耐えられる（システムが継続して稼働できる）能力のことを可用性と言います。AWSでシステムを構築する際にはグローバルインフラストラクチャのリージョンやアベイラビリティゾーンを意識するようにしましょう。

参照：AWSとは - AWSの特徴

クラウドシステムのデータやリソースを攻撃から守る観点について述べられているのは、Well-Architectedフレームワークのどの柱に該当するでしょうか。1つ選びなさい。

1. セキュリティ
2. パフォーマンス効率
3. サステナビリティ（持続可能性）
4. 信頼性
5. コスト最適化
6. 運用上の優秀性

[問題6の解答]

解答：1

解説：クラウドシステムのデータやリソースを守る観点はセキュリティの柱です。例えばAWSリソースへのアクセス権限の管理や発行したアカウントのユーザーとIDを適切に管理することなどが挙げられます。

参照：AWSの計画と活用 - クラウドの活用（フレームワークの柱）

次のWell-Architectedフレームワークの柱に関する説明の内、正しいものはどれでしょうか。1つ選びなさい。

1. 運用上の優秀性の柱は不要なコストの削減に焦点を当てている
2. 信頼性の柱はシステムが提供する機能を安定的に提供することに焦点を当てている
3. サステナビリティ（持続可能性）の柱はコンピューティングリソースやシステムが効率よくパフォーマンスを発揮できることに焦点を当てている
4. パフォーマンス効率の柱はシステム運用やモニタリング、それに伴う運用の継続的な改善に焦点を当てている
5. セキュリティの柱はシステムを稼働し続けることによる環境への影響を最小限にすることに焦点を当てている
6. コスト最適化の柱はシステムやデータの保護に焦点を当てている

[問題7の解答]

解答：**2**

解説：信頼性の柱はシステムが提供する機能を安定的に提供することに焦点を当てています。他の選択肢は柱と説明の内容がずれています。ぜひ他の柱についても正しい説明に入れ替えてみてください。

参照：AWSの計画と活用 - クラウドの活用（フレームワークの柱）

Well-Architectedフレームワークのベストプラクティスに沿った質問が
与えられ、それに対して現状や設計を考慮しながら回答していくことでレ
ポートを受け取ることができるサービスは次のうちどれでしょうか。

1. AWS Well-Architected Tool
2. Amazon EC2
3. AWS Cost Explorer
4. AWS Trusted Advisor

[問題8の解答]

解答：1

解説：Well-Architectedフレームワークのベストプラクティスに沿った質
　　　問が与えられ、それに対して現状や設計を考慮しながら回答してい
　　　くことでレポートを受け取ることができるサービスはAWS Well-
　　　Architected Toolです。カスタムレンズという拡張機能もあり、独
　　　自のルールを追加することもできます。

参照：AWSの計画と活用 - クラウドの活用 (AWS Well-Architected Tool)

AWSクラウド導入フレームワーク（AWS CAF）の利点を4つ選びなさい。

1. ESG（環境、社会、ガバナンス）のパフォーマンスの向上
2. コストの最適化
3. ビジネスリスクの低減
4. セキュリティ強化
5. 収益の増加
6. オペレーションの効率の向上

[問題9の解答]

解答：**1, 3, 5, 6**

解説：テクノロジー、プロセス、組織、製品のトランスフォーメーションを経てビジネスリスクの低減、ESG（環境、社会、ガバナンス）のパフォーマンスの向上、収益の増加、オペレーションの効率の向上につながっていくことがAWSクラウド導入フレームワーク（AWS CAF）の利点です。

参照：AWSの計画と活用 - クラウドの導入と計画（AWSクラウド導入フレームワーク）

オンプレミスで運用中のシステムがあります。AWSに移行したいのですが、一部移行対象のデータで大量かつ、ネットワークには接続されていないものがあります。このようなデータをAWSに移行するために使えるサービスは以下のうちどれでしょうか。

1. AWS Snowball
2. Amazon RDS
3. AWS Organizations
4. AWS Migration Hub

[問題10の解答]

解答：1

解説：AWS Snowballは物理デバイスを使ってデータを転送するサービスです。AWSから配送された物理デバイスに自社のデータをコピーしてAWSに返送することでクラウドにデータを取り込むことができます。

参照：AWSの計画と活用 - クラウドの導入と計画（既存オンプレミスシステムからクラウドを使う時に役立つサービス紹介）

AWSの責任共有モデルにおいて顧客（AWS利用者）の責任となるものはどれでしょうか。2つ選択してください。

1. グローバルインフラストラクチャ
2. サーバ側の暗号化（ファイルシステムやデータ）
3. EC2インスタンスを起動する基盤（ハードウェア）
4. AWS Fargateにおける仮想マシン（Dockerを除く）
5. EC2上にデプロイするアプリケーション

[問題11の解答]

解答：**2, 5**

解説：AWSの責任範囲はサービスを実行するために必要なハードウェア、ソフトウェア、ネットワークが基本になります。AWSの利用者（顧客）の責任範囲としては、先述したAWSの責任範囲によって保護された基盤上に構成された全てになります。

参照：AWSの計画と活用 - 責任共有モデル

AWSの責任共有モデルにおいてAWSの責任となるものはどれでしょうか。2つ選択してください。

1. AWS上でのネットワーク通信
2. リージョン
3. EC2インスタンス上に新しくインストールしたミドルウェア
4. AWS Lamdaのコード
5. S3上に保存したデータの暗号化

[問題12の解答]

解答：**1, 2**

解説：AWSの責任範囲はサービスを実行するために必要なハードウェア、ソフトウェア、ネットワークが基本になります。AWSの利用者（顧客）の責任範囲としては、先述したAWSの責任範囲によって保護された基盤上に構成された全てになります。

参照：AWSの計画と活用 - 責任共有モデル

以下の説明のうち、正しいものを2つ選択してください。

1. Amazon EC2上のDocker管理はAWSの責任である
2. Amazon RDSのOS管理はAWSの責任である
3. AWS Lambdaを起動するための仮想マシンやネットワークといった基盤は顧客（AWS利用者）の責任である
4. Amazon EC2のOS管理は顧客（AWS利用者）の責任である

[問題13の解答]
解答：**2, 4**
解説：AWSの責任範囲はサービスを実行するために必要なハードウェア、ソフトウェア、ネットワークが基本になります。AWSの利用者(顧客)の責任範囲としては、先述したAWSの責任範囲によって保護された基盤上に構成された全てになります。
参照：AWSの計画と活用 - 責任共有モデル

以下のサービスのうち、AWSのコンプライアンス情報を確認できるサービスはどれでしょうか。

1. Amazon OpenSearch Service
2. AWS Audit Manager
3. Amazon Connect
4. AWS Artifact

[問題14の解答]
解答：**4**
解説：AWS Artifactはセキュリティやコンプライアンスのドキュメント(レポート)をダウンロードできるサービスです。
参照：AWSの管理 - 監視・監査 (AWS Artifact)

Amazon CloudWatchで行えることは以下のうちどれでしょうか。2つ選んでください。

1. AWSリソースなどのイベントに関するログテキストデータを収集する
2. 複数のAWSアカウントを一元管理
3. CPU使用率などリソースの状態を示す数値データを収集する
4. AWSの使用状況をコンプライアンスの基準に沿っているか監査証跡の収集を行う
5. 設定の変更を検出し通知を行う

[問題15の解答]

解答：**1, 3**

解説：Amazon CloudWatchは監視のためのサービスです。監視対象からデータポイントを取得しモニタリングするサービスであるCloudWatchメトリクスやAWSリソースなどのイベントに関するログテキストデータを収集するサービスであるCloudwatch Logsなどの機能があります。設定の変更を検出し通知を行うのはAWS Configの機能の一部で、AWSの使用状況をコンプライアンスの基準に沿っているか監査証跡の収集を行うのはAWS Audit Managerです。複数のAWSアカウントを一元管理するサービスはAWS Organizationsです。

参照：AWSの管理 - 監視・監査（監視サービス）

AWS上でマネジメントコンソールやAWS CLI、AWS SDKなどを通して行われた操作をログとして保存するサービスは次のうちどれでしょうか。

1. AWS Identity and Access Management
2. AWS Cost Explorer
3. AWS CloudTrail
4. AWS Secrets Manager

[問題16の解答]

解答：**3**

解説：AWS CloudTrailはマネジメントコンソールを使ったユーザーアクティビティやAWS CLI、AWS SDKなどで実行されるAPIコールを通してどういった操作や設定を行ったのかをログとして保存するサービスです。CloudTrailはアカウント作成時に自動で有効になるようになっており、ログはイベント履歴として記録されて90日間まで確認可能となっています。

参照：AWSの管理 - 監視・監査（監査サービス）

仮想マシンを運用中です。インストールされているソフトウェアの脆弱性をチェックするのに活用できるサービスは次のうちどれでしょうか。

1. Amazon Security Hub
2. Amazon Route 53
3. Amazon SES
4. Amazon Inspector

[問題17の解答]

解答：**4**

解説：Amazon Inspectorは、CVEを基にAWSが管理する脆弱性情報のデータベースによって仮想マシンのソフトウェアをチェックし、脆弱性を検出するサービスです。

参照：AWSの管理 - セキュリティ（ソフトウェア脆弱性）

AWS Shieldの説明として適切なものは以下のうちどれでしょうか。

1. AWSのリソースに関連付けるファイヤーウォール機能
2. サードパーティーの製品を扱っている
3. ネットワークセキュリティのWeb Application Firewallを提供する
   サービス
4. DDoS攻撃から保護をするサービス

[問題18の解答]

解答：**4**

解説：AWS Shieldは近年問題になっている攻撃手法であるDistributed
Denial of Service (DDoS) 攻撃から保護するサービスです。

参照：AWSの管理 - セキュリティ（ネットワークセキュリティ）

Webサーバのアクセスログを確認すると、特定のIPアドレスから短時間に大量アクセスを受けていることを確認しました。このIPアドレスからのアクセスを拒否するために有効なAWSサービスを選択してください。

1.　AWS Shield
2.　AWS WAF
3.　Amazon GuardDuty
4.　AWS Trusted Advisor

[問題19の解答]
解答：**2**
解説：AWS WAFのWebアクセスコントロールリストは特定のIPアドレスからのアクセスを検知し、アクセスを拒否する機能があります。
　　　1. AWS Shieldは特定のIPアドレスを判別する機能はありません
　　　3. Amazon GuardDutyはAWS構成のセキュリティリスクを検出する仕組みで、Webサーバへの通常アクセスは検出対象になりません
参照：AWSの管理 - セキュリティ（ネットワークセキュリティ）

AWS環境を安全に運用するためになんらかのセキュリティ対策を行いたいが、具体的なセキュリティの課題があるわけではないので、現在の構成からなんらかのリスクがあるか洗い出しを行いたいと考えています。適するAWSサービスを選択してください。

1. AWS WAF
2. AWS Trusted Advisor
3. AWS Shield
4. Amazon GuardDuty

[問題20の解答]

解答：**4**

解説：Amazon GuardDutyはAWS構成のセキュリティリスクを機械学習を利用して検出する仕組みです。サービスを有効にすれば現在のAWS構成についてセキュリティのリスクを分析、検出できます。

参照：AWSの管理 - セキュリティ（AWS構成のリスク分析）

著名な**OSS**ソフトウェアの脆弱性が報告されました。**Amazon Linux**での**OSS**の対応状況や対応バージョンを調べるために確認するべき**Web**サイトとして適切なものを選択してください。

1. AWSの最新情報 - セキュリティ、アイデンティティ、コンプライアンス
2. AWSクラウドセキュリティのセキュリティ速報
3. AWS re:Post
4. AWS Identity and Access Managementのドキュメント

[問題21の解答]

解答：**2**

解説：Amazon Linuxに限らず、CVEなどに登録されるソフトウェア脆弱性のAWSでの対応状況は、AWSクラウドセキュリティのセキュリティ速報ページに公開されます。

参照：AWSの管理 - セキュリティ（AWSのセキュリティ情報を入手できるサイト）

オンプレミス環境で使用していたセキュリティ製品を引き続きAWS環境でも利用していきたいと考えています。ライセンスをBYOLで持ち込む以外に調達する方法として検討するべき適切なサービスを選択してください。

1. AWS Systems Manager
2. Amazon WorkSpaces
3. AWS Marketplace
4. AWS Certificate Manager

[問題22の解答]

解答：**3**

解説：AWS Marketplaceは、セキュリティ製品をはじめAmazon EC2などで利用できるソフトウェア製品を検索、ライセンス購入、管理できる仕組みです。

参照：AWSの管理 - セキュリティ（サードパーティーのセキュリティ製品）

運用しているWebシステムで最近アカウントが不正に大量作成される事象が報告されています。対策として活用できるAWSサービスを選択してください。

1. AWS WAF
2. Amazon CloudFront
3. AWS Shield
4. セキュリティグループ

[問題23の解答]
解答：1
解説：AWS WAFのアカウント詐欺防止は、Webアプリケーションのアカウント大量作成に対策する機能です。
参照：AWSの管理 - セキュリティ（ネットワークセキュリティ）

DoS攻撃の被害として該当するものを2つ選択してください。

1. 機密情報を暗号化し、解除のための身代金要求
2. 顧客情報の漏洩
3. ECサービスの停止による機会損失
4. 不必要なアクセスによって発生するクラウドの利用課金

[問題24の解答]
解答：3, 4
解説：DoS攻撃は攻撃するサービスを大量アクセスによって停止させる手法であり、結果としてサービスが停止します。アクセス自体は正規のものと同様のため、リクエストやデータ転送に伴うクラウドの利用課金が発生する点に注意が必要です。
参照：AWSの管理 - セキュリティ（ネットワークセキュリティ）

データベースに接続するための認証情報やIAMのアクセスキー・シークレットキーを保存する先のストレージとして適切なサービスを以下より2つ選択してください。

1. AWS Secrets Manager
2. Amazon EFS
3. Amazon EBS
4. AWS Systems Manager
5. Amazon S3

[問題25の解答]

解答：**1, 4**

解説：AWS Secrets Managerは認証情報の管理、保存に特化したサービスです。認証情報を定期的に更新することができます。AWS Systems Managerは多くのサービスがあるのですが、その中のParameter Storeを出題の用途で使用することができます。

参照：AWSの管理 - アクセス方法と認証・認可（アクセス情報の保管・管理）

07

問題集

AWSアカウントを作成した際、最初にあるユーザーであるルートユーザーにしか行えない操作は次のうちどれでしょうか。3つ選択してください。

1. AWSアカウントの閉鎖
2. AWSサポートへの問い合わせ
3. データベース系リソースの削除
4. 最初のIAMリソースの作成
5. 支払い情報や通貨、登録Eメールアドレスの変更といったアカウントの設定
6. 作成したIAMユーザーの削除

[問題26の解答]

解答：**1, 4, 5**

解説：支払い情報や通貨、登録Eメールアドレスの変更といったアカウントの設定、AWSアカウントの閉鎖、最初のIAMリソースの作成はルートユーザーにしか行えません。ルートユーザーは非常に大きな権限を持つユーザーなので使用は必要最低限にしましょう。MFAを設定したり、適切なパスワードを設定することでルートユーザーの不正利用対策を行うことができます。

参照：AWSの管理 - アクセス方法と認証・認可（AWSにおける権限）

AWS IAM Identity Centerの説明として適切なものは次のうちどれでしょうか。

1. AWSアカウント内のリソースに対して権限管理を行うサービス

2. 複数アカウントへのログインや権限を一元管理できるサービス

3. マネジメントコンソールを使ったユーザーアクティビティやAWS CLI、AWS SDKなどで実行されるAPIコールのログを保存するサービス

4. IAMユーザーとIAMロールに具体的なアクセス許可を与えるサービス

[問題27の解答]

解答：**2**

解説：AWS IAM Identity Centerは複数アカウントへのログインや権限を一元管理できるサービスです。AWS Organizationsという複数アカウントを管理するサービスと併せて使用します。1度の認証で複数のシステムの利用が可能になる仕組みのことをシングルサインオンと言います。

参照：AWSの管理 - アクセス方法と認証・認可（AWSにおける権限）

あなたが管理する AWS アカウント上の S3 にあるデータを外部と共有する場合、もっとも適切な権限設定はどれか？

1. AWS サービスのうち Amazon S3 について、必要なアクション、特定のリソースのみに限定した権限を付与する

2. ルートユーザーのログイン ID とパスワードを共有する

3. すべての AWS サービスおよびリソースへのフルアクセスを提供するものの、IAM 管理の権限は許可しない AWS マネージドポリシーである PowerUserAccess を付与する

4. すべてのバケットへのフルアクセスを提供する AWS マネージドポリシーである AmazonS3FullAccess を付与する

[問題 28 の解答]

解答：**1**

解説：AWS では必要以上に大きな権限を持たせて操作することを非推奨としており、最小権限の原則というものがセキュリティのベストプラクティスとして掲げられています。ユースケースに応じた適切な権限を付与するようにしましょう。

参照：AWS の管理 - アクセス方法と認証・認可（AWS における権限）

EC2インスタンスで定常的にCPUを使用するワークロードを実行することを考えています。最も適するインスタンスファミリーを選択してください。

1. 一般用途向けインスタンス
2. メモリ最適化インスタンス
3. コンピューティング最適化インスタンス
4. 高速コンピューティングインスタンス

[問題29の解答]

解答：**3**

解説：CPUを使用するワークロードに最適化されたインスタンスファミリーはコンピューティング最適化インスタンスです。

参照：AWSサービス紹介 - コンピューティング - Amazon EC2（Elastic Computing Cloud）

運用担当者から特定のEC2インスタンスのメモリ使用率が常に高く、アプリケーションの実行に支障が出ていると報告を受けました。問題を解決するために、最も適切な方法を選択してください。

1. EC2インスタンスを再起動する
2. インスタンスタイプのサイズを大きいものに変更する
3. ELBを経由するようにAWS構成を変更する
4. EC2インスタンスのメモリを拡張する

[問題30の解答]

解答：**2**

解説：EC2インスタンスにはメモリを直接拡張する機能はありません。インスタンスタイプごとに利用できるvCPUやメモリなどが決まっており、サイズを大きくすることで利用できるリソースが増加します。

参照：AWSサービス紹介 - コンピューティング - Amazon EC2（Elastic Computing Cloud）

07

問題集

EC2インスタンスで動作していたサービスを終了することになりました。
不要になったEC2インスタンスに関する料金をゼロにするために行うべき
操作を選択してください。

1. EC2インスタンスを停止し、AMIを削除する
2. EC2インスタンスを終了し、AMIを削除する
3. EC2インスタンスを終了し、EBSボリュームを削除する
4. EC2インスタンスを停止し、EBSボリュームを削除する

[問題31の解答]

解答：**3**

解説：EC2インスタンスの停止でインスタンスの実行料金はゼロにできま
　　　すが、関連付けているEBSボリュームは削除できません。EC2イン
　　　スタンスを終了しEBSボリュームを削除します。AMIはEC2インス
　　　タンスのイメージであり、料金には直接関係がありません。

参照：AWSサービス紹介 - コンピューティング - インスタンスのライフサ
　　　イクル

EC2インスタンスのソフトウェア構成をまるごとコピーして新しいインス
タンスを作成したいと考えています。実現できる機能を選択してください。

1. AMI
2. AMC
3. AppSync
4. ENI

[問題32の解答]

解答：**1**

解説：AMIにはOS、ミドルウェア、アプリケーションとその構成ファイル
　　　がまとめて含まれ、EC2インスタンスからユーザー独自のAMIを作
　　　成できるため、コピーとして利用できます。

参照：AWSサービス紹介 - コンピューティング - AMI（Amazon Machine
　　　Image）の利用

オンプレミスからMySQLサーバをAWSに移行したい。データベースの
バックアップを自動で取得できる移行先のAWSサービスとして適切なも
のを選択してください。

1. Amazon RDS
2. Amazon ECS
3. Amazon DMS
4. Amazon EC2

[問題33の解答]

解答：**1**

解説：Amazon RDSは、データベースの運用に役立つバックアップ機能や
　　　高可用性機能を持ちます。

　　　2. Amazon ECSにはバックアップ機能が含まれません

　　　3. Amazon DMSはデータベースの移行を支援するマネージドサー
　　　　 ビスであり、データベースそのものを実行する機能はありません

　　　4. Amazon EC2はデータベースを実行するためのコンピュート機
　　　　 能を持ちますが、データベースのバックアップはユーザーがソフ
　　　　 トウェアなどで構成する必要があります

参照：AWSサービス紹介 - データベース - データベースの種類

複雑なクエリ問い合わせが不要な一方で、時系列がプライマリキーとなる非定型のデータを大量に扱うデータベースサービスを選定しています。候補として適切なAWSサービスを2つ選択してください。

1. Amazon RDS
2. Amazon DynamoDB
3. Amazon DocumentDB
4. Amazon ElastiCache

[問題34の解答]

解答：**2, 3**

解説：RDSはあらかじめデータ型やカラムを定めた定型データが得意であり、非定型データの対応には制約があります。非定型データを扱うデータベースサービスにはキーバリューのAmazon DynamoDBやドキュメントデータベースのAmazon DocumentDBがあります。Amazon ElastiCacheはキーバリューのキャッシュサービスであり、データベースには不向きと言えます。

参照：AWSサービス紹介 - データベース - データベースの種類

オンプレミスのPostgreSQLデータベースサーバのデータをAmazon Auroraに移行したいが、作業するためのPCは用意できません。目的を達成するために最適なサービスを選択してください。

1. AWS Database Migration Service
2. Amazon DataSync
3. AWS Schema Conversion Tool
4. Amazon Application Migration Service

[問題35の解答]

解答：1

解説：データベース移行に利用できるサーバレスサービスはAWS Database Migration Service（DMS）です。AWS Schema Conversion Tool（SCT）はソフトウェアとして提供されるため、作業するためのコンピュータが必要です。Amazon Application Migration Serviceはデータベース移行ではなくソフトウェアをEC2に移行するためのサービス、Amazon DataSyncはS3などストレージサービスにデータを移行するサービスです。

参照：AWSサービス紹介 - データベース - AWSデータベース移行サービスの活用

たくさんのデータを扱うシステムを設計しています。データは複数の属性情報を持ち、データの一部を条件とする絞り込み検索する仕組みが必要です。データを格納するべきもっとも適切なAWSサービスを選択して下さい。

1. Amazon Kinesis
2. Amazon EBS
3. Amazon RDS
4. Amazon S3

[問題36の解答]

解答：**3**

解説：様々な条件で絞り込み検索する仕組みは、Amazon RDSのSQL問い合わせが最適です。S3などのストレージサービスでは属性情報に制限があり、データ自身を絞り込み検索の条件にはできません。

参照：AWSサービス紹介 - データベース - データベースの種類

EC2インスタンスを含めたMulti-AZを構成するために事前に設定が必要なAWSサービスを2つ選択してください。

1. Amazon VPC
2. Amazon VPN
3. ELB
4. Amazon Direct Connect

[問題37の解答]

解答：**1, 3**

解説：Amazon VPCのVPCサブネットやELBには、利用するアベイラビリティゾーンを選択する項目があります。Multi-AZ構成のためには2つ以上のアベイラビリティゾーンをそれぞれで事前に設定し、EC2インスタンスを配置します。Amazon VPNやAmazon Direct Connectの構成はアベイラビリティゾーンに依存しません。

参照：AWSサービス紹介 - ネットワーク - プライベートネットワーク向けサービス

VPCにVPCサブネットを2つ、150台のEC2インスタンスを配置します。
VPCのIPv4 CIDRブロックとして適切なものを選択してください。

1. 192.168.1.0/27
2. 192.168.1.0/26
3. 192.168.1.0/25
4. 192.168.1.0/24

[問題38の解答]

解答：**4**

解説：EC2インスタンスには少なくとも1つのプライベートIPv4アドレス
を割り当てるため、IPv4アドレス150個が確保できるCIDRブロッ
クを用意する必要があります。CIDRブロックごとのIPv4アドレス
数は以下の通りです。

- **/24：256個**
- **/25：128個**
- **/26：64個**
- **/27：32個**

使えるIPv4アドレスはVPCサブネットごとに5個少ないため、
VPCサブネットが2つということであれば10個少ない数で見積も
ります。

参照：AWSサービス紹介 - ネットワーク - プライベートネットワーク向け
サービス

CloudFrontでカスタムドメインのWebサイトを構成したい。設定手順として正しいものを選択してください。

1. CloudFrontでディストリビューションを構成、AWS Shieldで監視を設定

2. CloudFrontでディストリビューションを構成、AWS Directory ServiceでディレクトリーとCloudFrontを関連付け、VPCでAWS Directory Serviceを指定

3. CloudFrontでディストリビューションを構成、Amazon SESでドメイン認証を設定

4. CloudFrontでディストリビューションを構成、Amazon Route 53でカスタムドメインを購入、Route 53のエイリアスレコードにCloudFrontを指定

[問題39の解答]

解答：**4**

解説：カスタムドメインとは、独自のインターネットドメインを購入してCloudFrontで利用する構成です。AWSでインターネットドメインやDNSを設定するサービスはRoute 53があり、ドメイン購入やDNSレコード設定を行うことでCloudFrontのカスタムドメイン設定が可能です。

参照：AWSサービス紹介 - ネットワーク - パブリックネットワーク向けサービス

オンプレミスのWebサイトを運用しているが、最近アクセス増によってパフォーマンスに問題が発生しています。問題を解決するために検討できるAWSサービスを選択してください。

1. AWS AppSync
2. ALB
3. Amazon Connect
4. Amazon CloudFront

[問題40の解答]

解答：**4**

解説：Webサイトのパフォーマンス問題を解決するためによく用いるのがCDNです。AWSのCDNサービスとしてCloudFrontがあります。

1. AWS AppSyncはAPIのひとつであるGraphQL向けのサービスであり、一般的なWebサイトと組み合わせるサービスではありません

2. ALBはAmazon EC2などAWSコンピュートサービスのWebサーバ向けのサービスでオンプレミスのWebサーバには対応しません

3. Amazon Connectは電話の自動応答サービスであり、Webサイト向けに組み合わせるサービスではありません

参照：AWSサービス紹介 - ネットワーク - パブリックネットワーク向けサービス

アプリケーションのバックアップデータをS3に格納します。一度保存したデータにアクセスするのは滅多にない場合、なるべくコストを抑えて運用するために適切なストレージクラスを選択してください。

1. S3 Gracier Instant Retrieval
2. S3 標準–IA
3. S3 標準
4. S3 One Zone-IA

[問題41の解答]

解答：1

解説：選択肢の中で最も保存コストが低いのはS3 Gracier Instant Retrieval です。取り出しにコストがかかるのと最低保存期間が設定されていることからバックアップなどのアーカイブ用途に適していると言えます。

参照：AWSサービス紹介 - ストレージ - Amazon S3（Simple Storage Service)（保存するデータの分類とストレージクラス）

S3 Intelligent-Tieringの機能として正しいものを選択してください。

1. オブジェクトの有効期限が経過したらストレージクラスを自動で変更する

2. VPCからS3へのプライベートアクセスを提供する

3. オブジェクトに最後にアクセスした日付によってストレージ階層を自動で変更する

4. 同じオブジェクトをPUTするときに古いバージョンを維持する

[問題42の解答]

解答：**3**

解説：S3 Intelligent-Tieringは、データアクセスの無い期間に応じて自動で高頻度アクセス、低頻度アクセス、アーカイブインスタントアクセスの3段階でストレージ種類を変更します。

1. S3ライフサイクル設定の説明です

2. AWS PrivateLink for S3の説明です

4. S3バージョニングの説明です

参照：AWSサービス紹介 - ストレージ - Amazon S3（Simple Storage Service）（保存するデータの分類とストレージクラス）

EC2インスタンスのディスクの空き容量が少なくなってきたため、追加の
ディスクを設定します。利用するべきAWSサービスを選択してください。

1. Amazon ECS
2. AWS Backup
3. Amazon EBS
4. Amazon EFS

[問題43の解答]

解答：**3**

解説：ECインスタンスの内蔵ディスクとして認識される機能を提供する
　　　AWSサービスはAmazon EBSです。

参照：AWSサービス紹介 - ストレージ - Amazon EBS（Elastic Block
　　　Store）

Linux EC2インスタンスからアクセスするファイルサーバを構築したいと
考えています。検討するべきAWSサービスを選択してください。

1. AWS Storage Gateway
2. Amazon EFS
3. AWS Snow Family
4. Amazon EBS

[問題44の解答]

解答：**2**

解説：Linux向けのNFSファイルサーバを提供するマネージドサービスと
　　　してAmazon EFSが利用できます。

参照：AWSサービス紹介 - ストレージ - AWSファイルサーバサービスの
　　　活用

問題-45

オンプレミスから Amazon S3 にエンドツーエンドでデータ移行を行う必要があります。検討するべき AWS サービスを選択してください。

1. AWS AppSync
2. Amazon EBS
3. AWS DataSync
4. AWS DMS

［問題45の解答］

解答：**3**

解説：エンドツーエンドでS3へのデータ移行を提供するAWSサービスは AWS DataSyncです。

参照：AWSサービス紹介 - ストレージ - オンプレミスのストレージ移行または統合

問題-46

AWSでデータ分析のパイプラインを構築したいと考えています。データを抽出、加工するための ETL サービスとして検討するべき AWS サービスを選択してください。

1. Amazon Inspector
2. AWS CodePipeline
3. AWS Backup
4. AWS Glue

［問題46の解答］

解答：**4**

解説：ETLの様々な処理を提供するマネージドサービスは、AWS Glueが あります。

参照：AWSサービス紹介 - データ分析・機械学習 - AWSのデータ分析サービス（1. データの抽出、変換）

S3に大量のJSONファイルがあり、特定のデータをSQLで抽出したいと考えています。もっとも適当なAWSサービスを選択してください。

1. Amazon RDS
2. Amazon Athena
3. Amazon Connect
4. Amazon Kinesis

[問題47の解答]

解答：**2**

解説：Amazon Athenaは、S3のデータにSQL形式で分析を実行するマネージドサービスです。

参照：AWSサービス紹介 - データ分析・機械学習 - AWSのデータ分析サービス（2. データ分析の実行）

S3にたくさんのデータを格納する計画は整備したが、データを活用するためにトレンドや傾向を可視化する仕組みが欲しい。検討するべきAWSサービスを選択してください。

1. Amazon QuickSight
2. Amazon Redshift
3. AWS Glue
4. Amazon CloudWatch

[問題48の解答]

解答：**1**

解説：Amazon QuickSight はダッシュボードによる可視化画面を提供するサービスです。

参照：AWSサービス紹介 - データ分析・機械学習 - AWSのデータ分析サービス（3. データ可視化）

問題-49

S3に大量の画像データを保存しています。分類のために画像に写っているオブジェクトを検出するために検討するべきAWSサービスを選択して下さい。

1. Amazon Connect
2. Amazon Lex
3. Amazon Rekognition
4. Amazon Transcribe

[問題49の解答]

解答：**3**

解説：Amazon Rekognition は機械学習で画像解析し、画像や動画に写っている物体や特徴を検出するサービスです。

参照：AWSサービス紹介 - データ分析・機械学習 - AWSの機械学習サービス

EC2で実行するアプリケーションからキューにメッセージを貯めて非同期で処理を実装したいと考えています。利用するべきサービスを選択してください。

1.　Amazon STS
2.　Amazon SQS
3.　Amazon SES
4.　Amazon SNS

[問題50の解答]

解答：**2**

解説：1. Amazon STSは一時認証トークンを提供するサービスです
　　　2. Amazon SQSは分散キューのマネージドサービスです。アプリケーションからのメッセージをキューに格納し、順番にメッセージを取り出すキューとして活用します
　　　3. Amazon SESはEメールのマネージドサービスです
　　　4. Amazon SNSは通知のマネージドサービスです

参照：AWSサービス紹介 - アプリケーション開発 - アプリケーション統合

毎朝8時にLambda関数を定期的に実行する仕組みを作りたいと考えています。利用するべきAWSサービスを選択してください。

1.　Amazon API Gateway
2.　Amazon Time Sync Service
3.　Amazon CloudWatch
4.　Amazon EventBridge

[問題51の解答]

解答：**4**

解説：定期的に処理を実行する仕組みとしてAmazon EventBridgeスケジューラが利用できます。

参照：AWSサービス紹介 - アプリケーション開発 - アプリケーション統合

問題-52

新しい開発メンバーをチームに迎えるにあたり、TypeScriptの開発環境を整備するPCの機種によって差異があり個別対応の手間がかかっています。課題が解決できるAWSサービスを選択してください。

1. AWS Step Functions
2. AWS Cloud9
3. Amazon Q
4. AWS AppSync

[問題52の解答]

解答：**2**

解説：AWS Cloud9は統合開発環境をAWS上に構築するサービスです。開発者のPCなどローカル環境に依存しない開発環境が効率的に展開できます。

参照：AWSサービス紹介 - アプリケーション開発 - アプリケーション開発プラットフォーム

問題-53

AWS Codeシリーズを組み合わせたデプロイ環境を整備し、短期間にリリースを繰り返す開発体制に移行していきたいと考えています。このような開発スタイルを実現するための機能を選択してください。

1. 疎結合システム（Loose Coupling System）
2. ワークフローの可視化（Workflow Visualization）
3. 継続的インテグレーション/デリバリー（Continuous Integration/Delivery）
4. システムの自動化（Automation）

[問題53の解答]

解答：**3**

解説：継続的インテグレーション/デリバリーは、開発するコードの変更からテストやビルドを自動で実行し、本番環境へのデプロイまで一連の処理を迅速化するための仕組みです。

参照：AWSサービス紹介 - アプリケーション開発 - アプリケーション開発プラットフォーム

コールセンター業務を効率化するべく、AWSを活用したいと考えています。
利用を検討するべきAWSサービスを選択してください。

1. Amazon Connect
2. Amazon Fraud Detector
3. AWS Direct Connect
4. AWS CloudFormation

[問題54の解答]

解答：**1**

解説：IVRシステムはコールセンター業務を効率化するための電話自動応
答システムです。Amazon ConnectはIVRを始め、コールセンター
向けの様々な機能を提供するクラウドサービスです。

参照：AWSサービス紹介 - 企業利用向けサービス - 電話の自動応答システ
ム：Amazon Connect

企業のセキュリティ管理のために有効なAWSサービスであるAmazon
WorkSpacesが提供する仕組みとして正しいものを選択してください。

1. MDM
2. 専用アクセス回線
3. 仮想デスクトップ
4. オフィススイート

[問題55の解答]

解答：**3**

解説：Amazon WorkSpacesはユーザーのPCで機密情報を扱う代わりに、
クラウドに用意される仮想PCの画面をネットワーク経由で表示する
仮想デスクトップ環境を提供するAWSサービスです。

参照：AWSサービス紹介 - 企業利用向けサービス - 仮想デスクトップ環境：
Amazon WorkSpaces

ソフトウェアのライセンスを AWS に持ち込み、ソフトウェアやサーバの起動やパッチ適用を AWS に任せることを何というでしょうか。

1. 責任共有モデル
2. マイグレーション
3. BYOL
4. ライセンス込みモデル

[問題56の解答]

解答：**3**

解説：ライセンスのみを AWS に持ち込み、ソフトウェアやサーバの起動やパッチ適用を AWS に任せることを BYOL（Bring Your Own License）と呼びます。ライセンスを所持しなくても AWS 上でそれらのリソースを起動させることはできますが、実態としては AWS がライセンスを購入し提供している格好になりますので BYOL と比較しややコストが上がります。これをライセンス込みモデルと呼びます。

参照：AWS の管理 - 料金と請求（AWS 料金回りで活用できるツールやテクニック）

適切なサイジングの説明として適切なものを以下から選択してください。

1. サービス提供最適化のため過剰なリソースを用意すること
2. アクセス過多の際にサービス維持のため一定のユーザーからのリクエストを遮断すること
3. AWS無料枠を活用しなるべく低いコストでシステムを構築すること
4. 可能な限り低いコストでサービスを提供するため必要な要件にマッチさせること

[問題57の解答]

解答：**4**

解説：適切なサイジングとは、可能な限り低いコストでサービスを提供するため必要な要件にマッチさせることです。EC2やS3、RDSといったサービスはさまざまなインスタンスの種類やストレージのオプションがあります。これらをユーザーに充分なサービスを提供するために最適化するのが適切なサイジングです。

参照：AWSの管理 - 料金と請求（AWS料金回りで活用できるツールやテクニック）

コンピューティングリソースを常時稼働させているシステムがあり、今後も長期的に利用する予定です。障害は避けたいシステムなので安定稼働が求められています。この場合、以下選択肢のうちどれを活用することでコスト削減を見込めますか？2つ選択してください。

1. スポットインスタンス
2. リザーブドインスタンス
3. Savings Plans
4. オンデマンドインスタンス
5. ハードウェア専有インスタンス

[問題58の解答]

解答：**2, 3**

解説：リザーブドインスタンスとSavings Plansはどちらも一定期間の使用を前提とした前払い購入オプションです。長期的な利用を見込める際には活用すると割引価格のインスタンスを使用することができます。スポットインスタンスは割引価格で利用可能ですが、スポットプールに空きがなくなると中断のリスクがあるので今回の用途には適していません。オンデマンドインスタンスは定価のインスタンスです。ハードウェア専有インスタンスはホストとなるハードウェアを専有するインスタンスです。

参照：AWSの管理 - 料金と請求（コンピューティング購入オプション）

EC2を起点とした以下のデータ転送のうち料金が発生しないのはどれでしょうか。なお、月初の無料枠は考慮しないものとします。

1. Amazon Cloudfrontへのデータ転送
2. アベイラビリティゾーン間の通信
3. インターネットへのデータ転送 (アウトバウンド)
4. リージョン間の通信 (アウトバウンド)

[問題59の解答]

解答：1

解説：Amazon Cloudfrontへのデータ転送には料金が発生しません。インターネットとの通信及びリージョン間の通信はインバウンドは料金が発生しませんが、アウトバウンドの際には料金が発生します。アベイラビリティゾーン間の通信は双方向とも料金が発生します。

参照：AWSの管理 - 料金と請求 (データ転送料金)

AWS Cost Explorerの説明として適切なものは以下のうちどれでしょうか。

1. 予算の閾値を設定し、超過した際には通知（アラート）することができるサービス
2. 包括的なコストと使用状況データをレポートするサービス
3. AWS利用料金の見積もりを作成できるサービス
4. AWSの料金を適切に管理、分析するために可視化して表示するサービス

［問題60の解答］

解答：**4**

解説：AWS Cost Explorer は AWS の料金を適切に管理、分析するために可視化するサービスです。どのサービスにどのくらい料金がかかっているかといった情報をグラフとして表示します。予算の閾値を設定し、超過した際には通知（アラート）することができるサービスは AWS Budgets です。AWS利用料金の見積もりを作成できるサービスは AWS Pricing Calculator です。包括的なコストと使用状況データをレポートするサービスは AWS Cost and Usage Report です。

参照：AWSの管理 - 料金と請求（AWS料金管理に役立つサービス紹介）

AWS OrganizationsでConsolidated Billingを使用した際のメリットは次のうちどれでしょうか。2つ選択してください。

1. AWSのボリュームディスカウントが適用されるサービスにおいて、組織内の複数アカウントの合計使用量を適用することができる

2. リザーブドインスタンスやSavings Plans の割引を組織内の複数アカウントで共有することができる

3. グローバルインフラストラクチャネットワーク内通信において通信料の割引を適用することができる

4. 複数のAWSアカウントを一元管理することができる

5. AWSサポートより定期的にバウチャーを受け取ることができる

[問題61の解答]

解答：**1, 2**

解説：AWS Organizationsは複数のAWSアカウントを一元管理するサービスです。Consolidated BillingとはAWS Organizationsで管理しているAWSアカウントの請求を一括でまとめることを指します。Consolidated Billingを使用することで、例えばAmazon S3における保存するデータ量が多くなるほど料金が下がるといったボリュームディスカウントに、組織内の複数アカウントの合計使用量を適用することができます。またリザーブドインスタンスやSavings Plansの割引を組織内の複数アカウントで共有することができるというメリットもあります。

参照：AWSの管理 - 料金と請求（料金管理にも使えるAWS Organizationsの紹介）

以下のサポートプランのうち、TAM（テクニカルアカウントマネージャー）へのコンタクトが行えるプランはどれでしょうか。2つ選択してください。

1.　ビジネスプラン
2.　エンタープライズプラン
3.　デベロッパープラン
4.　Enterprise On-Ramp プラン
5.　ベーシックプラン

［問題62の解答］

解答：**2, 4**

解説：Enterprise On-RampプランとエンタープライズプランではTAM（テクニカルアカウントマネージャー）が付いており、エンタープライズプランでは専任となります。

参照：AWSの管理 - サポート活用（AWSサポート）

07

問題集

以下のAWS公式ウェブサイトで提供されている情報のうち、質疑応答 (Q&A) が行えるオンラインコミュニティはどれでしょうか。

1. AWS Prescriptive Guidance
2. AWSホワイトペーパー
3. AWSパートナーネットワーク
4. AWS re:Post

[問題63の解答]

解答：**4**

解説：AWS re:PostはAWSが公式に管理しているオンラインコミュニティです。AWSのユーザー、パートナー、従業員が参加可能でわからないことがあれば質問することができます。AWS Prescriptive GuidanceはAWSで実績のあるドキュメントを提供しているガイダンスです。AWSホワイトペーパーはAWSとAWSコミュニティよって作成された技術資料です。AWSパートナーネットワークは企業向けのグローバルコミュニティです。

参照：AWSの管理 - サポート活用（AWS公式資料）

索引

索引

索引

●著者略歴

深澤　俊（ふかざわ　しゅん）

クラスメソッド株式会社
DevelopersIO BASECAMP プロダクトマネージャー
https://dev.classmethod.jp/author/fukazawa-shun/

Web アプリケーションエンジニアとして様々な開発業務を行なった後、SRE として 1000 万ダウンロードのスマホアプリインフラを運用した。現在は世の中にクラウドを広めるべくクラスメソッドにジョイン。ロールプレイによる体験、ソフトスキルの向上を目指すサービス DevelopersIO BASECAMP を運用、開発している。共著書には「AWS の知識地図」（技術評論社）がある。最近はクラスメソッド公式 Youtube チャンネル（https://www.youtube.com/@classmethod-yt）にて「#DevIO ラジオ部」を配信。楽しく IT を学べる動画をお届け中。フットボールをこの上なく愛し、地元横浜のチームを応援している。

大瀧　隆太（おおたき　りゅうた）

X/Twitter/Discord: takipone
クラスメソッド株式会社
DevelopersIO BASECAMP ディレクター / 事業開発

AWS エンジニア、IoT エンジニアとして IT 技術ブログ DevelopersIO に記事を 450 本執筆。共著書に「改訂新版 IoT エンジニア養成読本」、「公式ワークブック　SORACOM 実装ガイド」がある。AWS Community Builder Network Content & Delivery since 2023。DevelopersIO BASECAMP のサービス開発にあたり、クラウドの初学者に接する機会が多く関心やモチベーションの高さを身近に感じる今日この頃です。ロックフェスが好き。一児の父。

カバーデザイン	松田喬史（Isshiki）
本文デザイン	伊藤まや（Isshiki）
DTP・図版作成	鎌田俊介（Isshiki）

本書へのご意見、ご感想は、技術評論社ホームページ（https://gihyo.jp/）または以下の宛先へ、書面にてお受けしております。電話でのお問い合わせにはお答えいたしかねますので、あらかじめご了承ください。

〒162-0846 東京都新宿区市谷左内町 21-13
株式会社技術評論社　書籍編集部
『AWS 認定 クラウドプラクティショナー 合格対策テキスト + 問題集』係
FAX：03-3513-6183
『AWS 認定 クラウドプラクティショナー 合格対策テキスト + 問題集』ウェブページ
https://gihyo.jp/book/2024/978-4-297-14277-3

AWS認定 クラウドプラクティショナー
合格対策テキスト + 問題集

2024 年 7 月 5 日　初版　第 1 刷発行

著　者	深澤　俊、大瀧　隆太
発行者	片岡　巌
発行所	株式会社　技術評論社
	東京都新宿区市谷左内町 21-13
	電話　03-3513-6150　販売促進部
	03-3513-6166　書籍編集部
印刷 / 製本	昭和情報プロセス株式会社